博碩文化

超高效

Google
ChatGPT
雲端應用

打造競爭優勢的必勝工作術

胡昭民 著 · **ZCT** 策劃

- 雲端服務應用
- SEO 行銷與 ChatGPT
- Chrome 瀏覽器的搜尋技巧
- 多種 Google 與 ChatGPT 實用外掛

- Sites 協作平台
- Google Meet：線上數位學習
- 隨時隨地都能掌握行程的線上日曆
- 用 Google Analytics 分析網站流量及各種數據

收錄 Google 與 ChatGPT 等工具使用方法

體驗雲端與 AI 的魅力，培養跨領域整合的職場競爭力！

作　　者：胡昭民 著・ZCT 策劃
責任編輯：黃俊傑、Lucy

董 事 長：陳來勝
總 編 輯：陳錦輝

出　　版：博碩文化股份有限公司
地　　址：221 新北市汐止區新台五路一段 112 號 10 樓 A 棟
　　　　　電話 (02) 2696-2869　傳真 (02) 2696-2867

發　　行：博碩文化股份有限公司
郵撥帳號：17484299　戶名：博碩文化股份有限公司
博碩網站：http://www.drmaster.com.tw
讀者服務信箱：dr26962869@gmail.com
訂購服務專線：(02) 2696-2869 分機 238、519
（週一至週五 09:30 ～ 12:00；13:30 ～ 17:00）

版　　次：2024 年 1 月初版一刷

建議零售價：新台幣 680 元
Ｉ Ｓ Ｂ Ｎ：978-626-333-742-8
律師顧問：鳴權法律事務所 陳曉鳴律師

本書如有破損或裝訂錯誤，請寄回本公司更換

國家圖書館出版品預行編目資料

超高效 Google x ChatGPT 雲端應用：打造競
爭優勢的必勝工作術 / 胡昭民著. -- 初版. --
新北市：博碩文化股份有限公司, 2024.01
　　面；　公分

ISBN 978-626-333-742-8(平裝)

1.CST: 網際網路 2.CST: 搜尋引擎 3.CST: 雲
端運算

312.1653　　　　　　　　　　112022694

Printed in Taiwan

博碩 粉 絲 團

歡迎團體訂購，另有優惠，請洽服務專線
(02) 2696-2869 分機 238、519

序
Preface

　　Google 雲端平台先進而完備，提供的應用軟體包羅萬象，除了能線上製作簡報、試算表、文件等各類辦公文件外，搜尋、電子郵件、地圖、雲端硬碟、地球、日曆、相簿、翻譯、線上會議……等工具，更是好用到讓你離不開，絕對可以讓生活排程更順暢、工作流程更高效、競爭能力更強化。

　　本書架構相當完整，各主題精彩內容如下：

- **雲端運算與 Google 精準搜尋攻略**：熟悉 Chrome 瀏覽器使用技巧，包括加入書籤、無痕式秘密瀏覽、搜尋關鍵攻略，輕鬆找到特定所需資料。

- **達人必學的 Gmail 關鍵指南**：社交聯繫必備 Gmail 指南，包括收發郵件、聯絡人管理、信件分類、桌面通知，快速搞定不耽誤。

- **最省心的 Google 線上日曆行程管理**：最省心線上日曆行程管理，新增 / 編修活動、邀請、回應，日曆標示一覽無遺。

- **輕鬆玩轉 Google 地圖指南秘笈**：行程規劃、地圖導航、關鍵字搜尋生活大小事、我的商家，都可靠 Google 幫忙處理。

- **打造美好生活體驗的 Google 神器**：Google Hangouts 即時通訊、Google 地球、Google Sites 協作平台、Google Keep 記事等智慧生活神器，強大功用通通告訴你。

- **不求人 Google 相簿分享秘訣**：Google 相簿除了可以妥善保管和整理相片外，也可以和他人共享 / 共用相簿，方便實用又易上手。

- **24 小時不打烊的 Google 雲端硬碟**：告訴你雲端硬碟特點與管理技巧，24 小時隨時上傳、下載、分享、共用資料。

- **翻轉學習的 Google Meet 視訊會議**：學會 Google Meet 使用率最高的遠距教學工具的會議發起、畫面分享、文件共享……各種技巧，自主化安排學習課程。

- **Google 文書處理、試算表、簡報實戰心法**：最強的文書、試算表、簡報實用技，不用 Office 軟體，也能輕鬆製作編輯。

- **最霸氣的 YouTube 影音社群饗宴**：用 YouTube 掌握影音社群，包括搜尋、全螢幕、訂閱、稍後觀看、自動加中文字幕，或是個人頻道上傳自製影片，一次就搞定。

- **點石成金的 Google SEO 集客行銷**：了解 Google 登錄行銷與搜尋引擎運作、關鍵字廣告出價方式。

- **Google 的人工智慧贏家服務**：Google 在 AI 領域的亮點應用，包括自然語言處理、人工智慧支援、YouTube 推薦影片、Google 相簿 AI 辯識功能、智慧選檔與智慧撰寫功能。

- **網路大神的數據分析神器——GA 到 GA4**：Google Analytics 數據大分析，製作目標對象、客戶開發、行為、即時等各種報表，輕鬆學會 GA 與 GA4 的入門輕課程。

- **ChatGPT 與 Google 超強必殺技**：ChatGPT 在行銷應用、ChatGPT for Google、WebChatGPT、ChatGPT Prompt Genius、ChatGPT Writer、Voice Control for ChatGPT、Perplexity、YouTube Summary with ChatGPT、Summarize、Merlin-Chatgpt Plus app on all websites、ReaderGPT、SEO 行銷與 ChatGPT。

　　本書介紹的筆法循序漸進，並輔以步驟及圖說，期望大家降低閱讀的壓力。雖然本書編輯過程中，力求正確無誤，但恐有疏漏不足之處，尚請教師、讀者及先進們不吝指教。

目錄
Contents

01 雲端運算與 Google 精準搜尋攻略

02　達人必學的 Gmail 關鍵指南

03　最省心的 Google 線上日曆行程管理

04 輕鬆玩轉 Google 地圖指南密笈

05 打造美好生活體驗的 Google 神器

06 不求人 Google 相簿分享秘訣

07 24 小時不打烊的 Google 雲端硬碟

08 翻轉學習的 Google Meet 視訊會議

09 Google 文書處理實用密技

10 活學活用高效 Google 試算表

11 最強 Google 簡報實戰心法

12 最霸氣的 YouTube 影音社群饗宴

13 點石成金的 Google SEO 集客行銷

14 Google 的人工智慧贏家服務

15 網路大神的數據分析神器 - GA 到 GA4

16 ChatGPT 與 Google 超強必殺技

雲端運算與 Google 精準搜尋攻略

隨著網際網路（Internet）的興起與發展，雲端運算（Cloud Computing）基於網際網路的運算方式，已經是下一波電腦與網路科技的重要商機。或者我們可以看成是將運算能力獨立出來成為一種隨手可得的網路服務。Google 本身也是最早提出雲端運算概念的公司，最初開發雲端運算平台是為了能把大量廉價的伺服器集成起來以支援自身龐大搜尋服務，例如「搜尋引擎、網路信箱」等，進而通過這種方式，讓共用的軟硬體資源和資訊可以依照需求提供給各種終端裝置。Google 執行長施密特（Eric Schmidt）在演說中更大膽的預言：「雲端運算引發的潮流將比個人電腦的出現更為龐大！」

Google 是最早提出雲端運算概念的企業

1-1　雲端運算簡介

　　所謂「雲端」其實就是泛指「網路」，希望以雲深不知處的意境，來表達無窮無際的網路資源，同時也代表規模龐大的運算能力，與過去網路服務最大的不同就是「規模」。雲端運算之熱並不是憑空出現，而是由多種技術與商業應用的成熟，讓虛擬化公用程式演進到軟體即時服務的實現。使用者透過網路、由用戶端登入遠端伺服器進行操作，就可以稱為雲端運算。

雲端運算就是一種大規模的網路新型服務

　　「雲端運算」（Cloud Computing）的基本概念就是指在動態的環境下協調與利用分散的電腦資源協同合作來共同解決計算問題的一種技術。雲端運算實現了以分散式運算技術來創造龐大的運算資源，解決專門針對大型的運算任務，也就是將需要大量運算的工作，分散給很多不同的電腦一同運算。

雲端運算要讓資訊服務如同家中水電設施一樣方便

簡單來說，就是將分散在不同地理位置的電腦聯合組織成一個虛擬的超級電腦，並藉由網路慢慢地將運算能力聚集在伺服端，伺服端因此擁有更大量的運算能力，最後再將計算完成的結果回傳。雲端運算的終極目標就是未來每個人面前的電腦，都將會簡化成一台最陽春的終端機，只要具備上網連線功能即可，讓資訊服務如同水電等公共服務一般，隨時都能供應。

1-1-1 認識雲端服務

Google 雲端硬碟就是一種雲端服務

所謂「雲端服務」，簡單來說，其實就是「網路運算服務」，如果將這種概念進而衍伸到利用網際網路的力量，讓使用者可以連接與取得由網路上多台遠端主機所提供的不同服務。根據美國國家標準和技術研究院（National Institute of Standards and Technology, NIST）的雲端運算明確定義了三種服務模式：

- **軟體即服務**（Software as a service, SaaS）：是一種軟體服務供應商透過 Internet 提供軟體的模式，使用者本身不需要對軟體進行維護，可以利用租賃的方式來取得軟體的服務，而比較常見的模式是提供一組帳號密碼。例如：Google docs。

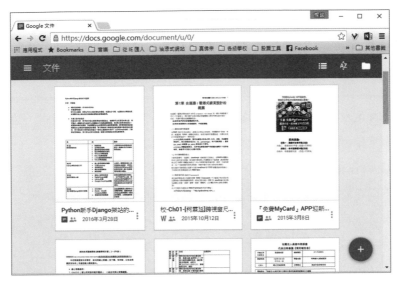

只要瀏覽器就可以開啟雲端的文件

■ **平台即服務（Platform as a Service, PaaS）**：是一種提供資訊人員開發平台的服務模式，公司的研發人員可以編寫自己的程式碼於 PaaS 供應商上傳的介面或 API 服務，再於網絡上提供消費者的服務。例如：Google App Engine。

Google App Engine 是全方位管理的 PaaS 平台

■ **基礎架構即服務**（Infrastructure as a Service, IaaS）：消費者可以使用「基礎運算資源」，如 CPU 處理能力、儲存空間、網路元件或仲介軟體。例如：Amazon.com 透過主機託管和發展環境，提供 IaaS 的服務項目。

> 1. 公用雲（Public Cloud）：是透過網路及第三方服務供應者，提供一般公眾或大型產業集體使用的雲端基礎設施，通常公用雲價格較低廉。
> 2. 私有雲（Private Cloud）：和公用雲一樣，都能為企業提供彈性的服務，而最大的不同在於私有雲是一種完全為特定組織建構的雲端基礎設施。
> 3. 社群雲（Community Cloud）：是由有共同的任務或安全需求的特定社群共享的雲端基礎設施，所有的社群成員共同使用雲端上資料及應用程式。
> 4. 混合雲（Hybrid Cloud）：結合公用雲及私有雲，使用者通常將非企業關鍵資訊直接在公用雲上處理，但關鍵資料則以私有雲的方式來處理。

1-1-2 邊緣運算

最近幾年人工智慧不斷深入各種領域，當資料上雲端，就是展現人工智慧（Artificial Intelligence, AI）魔術的時候了，特別是未來人工智慧的發展更與雲端技術的儲存與運算能力息息相關，隨著 5G 商用化的腳步加快，讓醫療、生活、教育、交通、娛樂等領域，都將帶來顛覆性創新應用，也將更有助於人工智慧的應用普及。

> 人工智慧（Artificial Intelligence, AI）的概念最早是由美國科學家 John McCarthy 於 1955 年提出，目標為使電腦具有類似人類學習解決複雜問題與展現思考等能力，也就是由電腦所模擬或執行，具有類似人類智慧或思考的行為，例如推理、規畫、問題解決及學習等能力。
> 5G（Fifth-Generation）指的是行動電話系統第五代，將可實現 10Gbps 以上的傳輸速率。這樣的傳輸速度下可以在短短 6 秒中，下載 15GB 完整長度的高畫質電影，並具有「高速度」、「低遲延」、「多連結」三大特性。

　　我們知道傳統的雲端資料處理都是在終端裝置與雲端伺服器之間，這段距離不僅遙遠，當面臨越來越龐大的資料量時，也會延長所需的傳輸時間。特別是人工智慧運用於日常生活層面時，常因網路頻寬有限、通訊延遲與缺乏網路覆蓋等問題，會遭遇極大挑戰。未來 AI 的發展會從過去主流的雲端運算模式，發展成必須大量結合邊緣運算（Edge Computing）模式，搭配 AI 與邊緣運算能力的裝置也勢必會開始應用在不同產業上成為主流。

雲端運算與邊緣運算架構的比較示意圖

圖片來源：https://www.ithome.com.tw/news/114625

　　邊緣運算（Edge Computing）屬於一種分散式運算架構，可讓企業應用程式更接近本端邊緣伺服器等資料，資料不需要直接上傳到雲端，而是盡可能靠近資料來源以減少延遲和頻寬使用，而具有了「低延遲（Low latency）」的特性。例如在處理資料的過程中，把資料傳到在雲端環境裡運行的 App，勢必會慢一點才能拿到答案；如果要降低 App 在執行時出現延遲，就必須傳到鄰近的邊緣伺服器，速度和效率就會令人驚豔，如果開發商想要提供給用戶更好的使用體驗，最好將大部份 App 資料移到邊緣運算中心來進行。

　　許多分秒必爭的 AI 運算作業更需要進行邊緣運算，即時利用本地邊緣人工智慧，便可瞬間做出判斷，像是自動駕駛車、醫療影像設備、擴增實境、虛擬實境、無人機、行動裝置、智慧零售等應用項目。例如無人機需要 AI 即時影像分析與取景技術，由於即時高清影像低延傳輸與運算大量影像資訊，只有透過邊緣運算，資料就不需要再傳遞到遠端的雲端，就可以加快無人機 AI 處理速度。在即將來臨的新時代，AI 邊緣運算象徵了全新契機。

音樂類 App 透過邊緣運算，
聽歌不會卡卡

無人機需要即時影像分析，邊緣運算可以加快 AI 處理速度

1-2 Chrome搜尋必殺技

今天民眾想要從浩瀚的網際網路上，快速且精確的找到需要的資訊，入口網站（Portal）經常是進入 Web 的首站。入口網站通常會提供豐富個別化的搜尋服務與導覽連結功能，其中「搜尋引擎」便是各位的最好幫手，而最常用的引擎當然非 Google 莫屬。接下來的章節我們將針對 Google Chrome 瀏覽器和 Google 搜尋技巧做說明。

各位要使用 Google 的各項功能，首先必須先有 Google 帳戶，電腦上也要安裝 Chrome 瀏覽器才行。當各位安裝 Chrome 並登入個人的 Google 帳戶後，Google Chrome 瀏覽器的右上角就會顯示你的名字。如果你有多個帳戶想要進行切換或是進行登出，都是由右上角的圓鈕進行切換。如下圖所示：

擁有 Google 帳戶者，除了可以使用 Google Chrome 瀏覽器外，還能啟用各項貼心的服務，在右上角按下 ⊞ 鈕就可以看到搜尋、地圖、Gmail、聯絡人、雲端硬碟、翻譯、YouTube 等各種包羅萬象的服務。

1-2-1 搜尋關鍵字

　　要在 Google Chrome 瀏覽器上進行搜尋是件很簡單的事，只要在搜尋框中輸入想要搜尋的字詞，按下「Enter」鍵或「Google 搜尋」鈕，就能自動顯示是搜尋的結果。

Google Chrome 也可以直接在網址列上輸入搜尋的關鍵字喔！

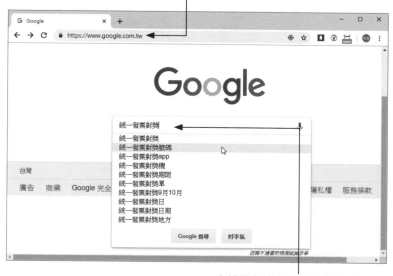

由搜尋框中輸入想要搜尋的字詞

搜尋的過程中，Google 會貼心地將相關詞語顯示在下拉式的清單中，各位不必等到整個查詢的字詞都輸入完畢，就可以快速從清單中選擇要查詢的資料。

1-2-2　變更顯示比例

如果覺得瀏覽器中的文字太小不易閱讀，那麼你可以透過「縮放」功能來改變瀏覽器的顯示比例。請由右上角的 ⋮ 鈕下拉，就可以在「縮放」指令的右側按下「+」鈕來放大。或是按下鍵盤上的「Ctrl」鍵加上滑鼠滾輪，也可以進行瀏覽器顯示比例的變更。

❶ 按此鈕

❷ 按此鈕放大顯示比例

1-2-3　加入我的書籤

對於經常瀏覽的網頁，各位不妨將它們儲存在我的書籤當中，那麼以後只要點選書籤中的網站名稱，就可以快速連結並開啟該網站畫面，相當快速又便利。

❷ 按下此鈕

書籤列

❸ 確認名稱後，按
此鈕完成

❶ 先開啟常用的網
站

只要 ⋮ 鈕下拉有勾選「書籤 / 顯示書籤」指令，瀏覽器上方就會顯示書籤
列。如果加入的書籤比較多時，後加入的書籤會被隱藏起來，你可以透過以下方
式來調整先後順序。

❶ 按此鈕顯示其他
書籤清單

❸ 拖曳到此處，就
可以顯示在前端
的位置

❷ 選取剛剛加入的
網站書籤不放

匯入其他瀏覽器中的書籤

如果你在其他瀏覽器中已經加入許多「我的最愛」，想要將這些常用的網站匯入
到 Google Chrome 中，可以按下右上角的 ⋮ 鈕，下拉選擇「書籤 / 匯入書籤和
設定」指令，即可選擇匯入 Microsoft Edge、Internet Explorer、Mozilla Firefox 等
瀏覽器中的書籤。

1-2-4　設定起始畫面

　　各位要讓 Chrome 在每次開啟時，就能顯示特定的網站或搜尋頁面，以方便你快速進入，那麼你可以自行設定起始畫面。請由 ⋮ 鈕下拉選擇「設定」指令，找到「起始畫面」的區塊後點選「開啟某個特定網頁或一組網頁」，接著按下「新增網頁」的連結，把你期望顯示的網站網址輸入，即可看到設定的網站名稱與網址。如下圖所示：

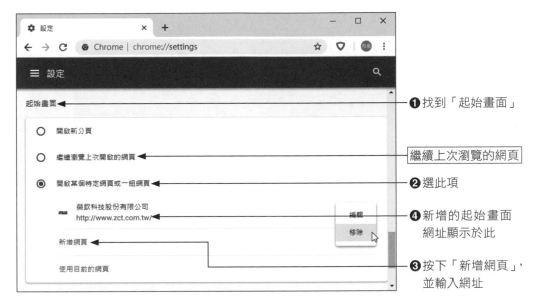

❶ 找到「起始畫面」

繼續上次瀏覽的網頁

❷ 選此項

❹ 新增的起始畫面網址顯示於此

❸ 按下「新增網頁」，並輸入網址

　　設定完成後，下回你開啟 Google 時，就會自動顯示剛剛所新增的網站首頁。而新增的起始畫面如果需要進行變更，可以在原先設定的網址後方按下 ⋮ 鈕，就會出現「編輯」或「移除」的選項讓你進行變更。

> **繼續瀏覽上次開啟的網頁**
>
> 網路上有許多精采的內容，因為某些因素經常被迫瀏覽到一半就得關閉瀏覽器，如果希望每次開啟瀏覽器時，能夠從上次開啟的網頁繼續開始瀏覽，那麼可在如上的設定畫面中，將起始畫面設定為「繼續瀏覽上次開啟的網頁」。

1-2-5　無痕瀏覽模式

在公用的場所使用電腦，或是想要在瀏覽網頁內容後不留下任何的紀錄，那麼可以考慮新增無痕式視窗。請在 Chrome 右上角按下 ⋮ 鈕，接著下拉選擇「新增無痕式視窗」指令，就會顯示如圖視窗，告知你已進入無痕模式。進入此模式後，其他使用者並不會看到你的瀏覽紀錄，因為 Google Chrome 不會儲存 Cookie 和網站資料，也不會儲存你在表單中所輸入的資訊，但是你下載的內容或是新增的書籤仍會保留下來。

1-2-6　清除瀏覽資料

除了利用「新增無痕式視窗」功能，讓瀏覽網頁的紀錄不被保留下來外，你也可以自行清除瀏覽的紀錄。請由右上角按下 ⋮ 鈕，下拉選擇「記錄／記錄」指令，就會進入「歷史記錄」的頁面，按下左側的「清除瀏覽資料」鈕，接著在開啟的視窗中設定清除的時間範圍，可以選擇過去 1 小時、24 小時、7 天、4 週、或是不限時間，設定之後點選「清除資料」鈕，就會依照設定範圍進行清除。

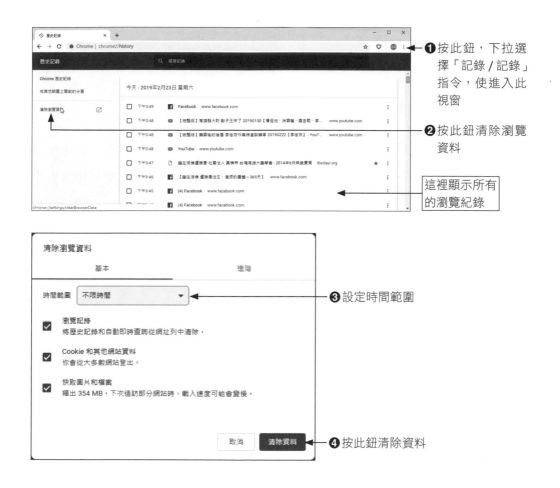

❶按此鈕，下拉選擇「記錄 / 記錄」指令，使進入此視窗

❷按此鈕清除瀏覽資料

這裡顯示所有的瀏覽紀錄

❸設定時間範圍

❹按此鈕清除資料

1-3 Google 隱藏版搜尋技巧

　　目前網路上的搜尋引擎種類眾多，Google 憑藉其快速且精確的搜尋效能脫穎而出，奠定其在搜尋引擎界的超強霸主地位。Google 搜尋是每個人在網路上最常用的功能，只要在搜尋框中輸入想要搜尋的字詞，然後再按下「Enter」鍵就會自動顯示搜尋的結果。其實 Google 的搜尋功能不只這樣而已，你還可以指定多種搜尋條件，讓搜尋的結果更符合你的需求，你也可以進行圖片的搜尋或語

音的搜尋。所以這一小節將深入和各位探討 Google 的搜尋技巧，讓你成為搜尋資料的高手。

1-3-1　布林運算搜尋

Google 的布林運算搜尋語法包含「+」、「-」和「OR」等運算子，也是一般使用者經常會使用的基本功能。使用的語法不同，則顯示的搜尋結果也會有所差異。

❑ 使用「+」或「空格」

搜尋時必須輸入關鍵字，例如：要搜尋有關「洋基隊王建民」的資料，「洋基隊王建民」即為關鍵字。如果想讓搜尋範圍更加廣泛，可以使用「＋」或「空格」語法連結多個關鍵字。

❑ 使用「-」

如果想要篩選或過濾搜尋結果，只要加上「-」語法即可。例如：只想搜尋單純「電話」而不含「行動電話」的資料。

❑ 使用「OR」

使用「OR」語法可以搜尋到每個關鍵字個別所屬的網頁，是一種類似聯集觀念的應用。以輸入「東京 OR 電玩展」搜尋條件為例，其搜尋結果的排列順序為「東京」➪「電玩展」➪「東京電玩展」。

❑ 使用「""」

使用「""」進行關鍵字搜尋時，這種情況下搜尋引擎只會找和關鍵字完全吻合的搜索結果，因此如果各位在進行關鍵字搜尋時，多利用雙引號「" "」來括住關鍵字，就可以幫助各位更加精準找到自己所期待的搜尋結果。

1-3-2　圖片搜尋利器

Google 的圖片資料庫相當多，幾十億的圖片只要以關鍵字進行搜尋，就能快速找到合適的相片。想要尋找圖片時，請由 Google Chrome 右上角按下「圖片」的文字連結，就會顯示圖片搜尋引擎。

❶開啟 Google Chrome，
　點選「圖片」

❷顯示圖片搜尋引擎

　　　例如可在圖片搜尋列上輸入「向日葵」的關鍵字，即可找到如下的各種向日葵圖片。搜尋時還可以篩選圖片的類型、大小、顏色、使用權限等，讓圖片更符合你的需求。請按下搜尋列下方的「工具」鈕，就能顯示篩選的項目。

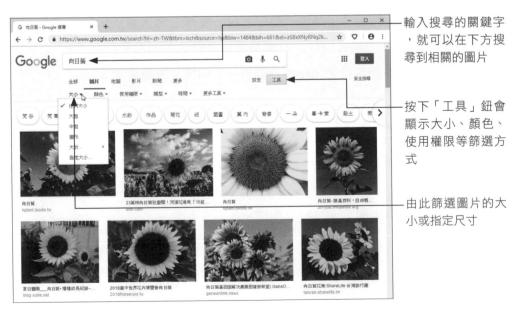

輸入搜尋的關鍵字
，就可以在下方搜
尋到相關的圖片

按下「工具」鈕會
顯示大小、顏色、
使用權限等篩選方
式

由此篩選圖片的大
小或指定尺寸

1-3-3　進階搜尋圖片

　　除了以「工具」鈕來篩選圖片外，按下「設定」鈕還可進行進階搜尋，讓你一次就將所有的條件列出，以便縮小搜尋的範圍。

❶ 按「設定」鈕

❷ 下拉選擇「進階搜尋」

❶ 設定所有搜尋的條件

❷ 按此鈕進階搜尋

1-3-4　圖片反向搜尋

　　有時候手邊只有相片資料，卻不知道該相片的任何資訊，那麼可以利用 Google 來幫你做解答，它會為你找到相關的網頁和圖片讓你進行確認。使用方式很簡單，請在「Google 圖片」的搜尋列中按下「以圖搜尋」 ◎ 鈕，當出現如下視窗時切換到「上傳圖片」的標籤，按下「選擇檔案」鈕上傳你要搜尋的圖片，就可以查詢到相關的網頁和看起來相似的圖片。

　　完成如上的工作後，Google 就會為你在眾多的網頁和圖片中找到相關資料。如下圖所示便是搜尋結果。

　　Google 也支援以圖搜尋的方式，各位也可以試著用滑鼠按住圖片，直接將圖片拖曳至搜尋框，就可以體驗出用圖片搜尋 Google 的強大功能。

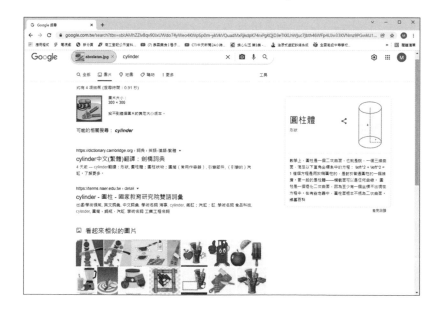

1-3-5　影片搜尋技巧

搜尋圖片時，只要運用關鍵字、進階搜尋設定，或是搭配「工具」鈕，就可以快速篩選出所需的圖片，影片搜尋也不例外。當各位在搜尋列輸入關鍵的影片文字後，由下方切換到「影片」就可以看到相關的影片。你一樣可以透過「工具」鈕和「設定」鈕來篩選影片的條件。

❶ 先輸入關鍵字搜尋

❷ 切換到「影片」就可以看到搜尋的影片

「工具」鈕所提供的篩選項目

此外，在這個影音內容為主流的時代，影音的動態視覺傳達可以快速抓住使用者的目光。目前 Google 也支援用戶直接以關鍵字搜尋的方式，快速在該支影片內容相關的片段資訊找到與關鍵字相符合的特定片段，不過這項新功能只限於英文版的 Google 搜尋。

1-3-6　搜尋特定網站資料

當各位只想在某些網站、社團法人、或是特定政府單位內進行特定資料或開放資料（Open Data）的搜尋，那麼可以利用「site:」來指定相關的網站或網域。通常「site:」後方的關鍵網址並不需要輸入「http://」，只要直接輸入網址來指定即可，就可以只搜尋該網站的內容。例如：想搜尋榮欽科技在博碩文化出版社的相關資訊，那麼可以輸入「榮欽科技 site:www.drmaster.com.tw」來進行搜尋。

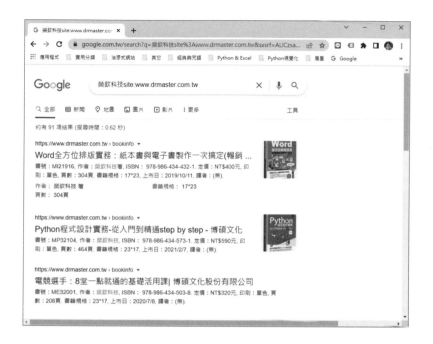

開放資料（Open Data）於世界各地已成為政府及網路圈的顯學，就是一種開放、免費、透明的資料，並且不受著作權、專利權所限制，任何人都可以自由使用和散佈。近來政府推行開放資料不遺餘力，不僅設立了「政府資料開放平臺」，各個縣市政府及單位也分別設立了「Open Data」網站供民眾使用，例如交通部中央氣象局開放資料平臺、台北市政府資訊開放平台等，這些開放資料通常會以開放檔案格式如 CSV、XML 及 JSON 等格式，提供使用者下載應用。

1-3-7　Google 學術搜尋

Google 學術搜尋是一個可以免費搜尋學術文章的搜尋功能，讓使用者可以檢索特定的學術文獻，或是學術單位的論文、報告、期刊等文件。要想查到可靠的學術訊息及世界各地出版的學術期刊，就可以倚靠 Google 學術搜尋。Google 學術搜尋的網址為：scholar.google.com.tw。

❶ 輸入 Google 學術搜尋的網址

❷ 輸入關鍵字

❸ 按下「搜尋」鈕開始搜尋

顯示搜尋的結果

按此鈕可儲存到我的圖書館中

　　在搜尋的結果中，各位可以從左側找到較新的學術文章，也可以指定搜尋繁體中文網頁，如果找到所需的參考文件，可以按下文件下方的 ☆ 鈕，使其儲存到我的圖書館中。

點選右上角的「我的圖書館」，就可以檢視所儲存的文件

1-3-8　快速鎖定搜尋範圍

各位可能有留意到，當我們在搜尋資料時，所搜尋到的結果常會有過時或是錯誤的資訊，例如我們想找一間台北飯店，當我們輸入關鍵字「台北飯店」時，可能會找到許多不符合自己期待的資料，這種情況下就可以考慮採用兩個點點「..」的符號，精確速鎖定搜尋範圍。例如疫情解封後，想找一間台北內湖到南港這個區域的飯店，只要在搜尋欄輸入「台北飯店 內湖 .. 南港」，就能縮小並且快速搜尋到內湖到南港這個範圍的台北飯店。

1-3-9 「intitle」針對標題進行搜尋

輸入『intitle』關鍵字搜尋技巧可以協助各位查詢標題有指定關鍵字的頁面，如此一來該文章標題有包括這個關鍵字，找到的內容就更有機會符會自己需求的文章。如下圖所示：

 行動版 Chrome 的小心思

隨著 5G 行動寬頻的帶動下，全球行動裝置快速發展，結合了無線通訊無所不在的行動裝置充斥著我們的生活，這股「新眼球經濟」所締造的市場經濟效應，正快速連結身邊所有的人、事、物，改變著我們的生活習慣，讓現代人在生活模式、休閒習慣和人際關係上有了前所未有的全新體驗。尤其智慧型手機普及後，不但是現代人隨身必備的工具，更能打電話、上網查資料、看影片、查信件，有它在身邊絕對不會無聊。Google 更貼心地將所有相關實用的應用程式（App）都整合在一個資料夾中，方便用戶快速享受帶來的便利與多元功能。

智慧型手機中，Google 將其相關應用程式放在一個資料夾中

當各位使用行動版 Chrome 瀏覽器，事實上和電腦版的操作大同小異。你可直接在搜尋列上輸入搜尋的關鍵字，也可以直接輸入要查詢的網址，而右上角的「更多」 ﹕鈕則提供更多的設定內容。

1-4-1　網站加到手機桌面

有些網站是你每天必定造訪的地方，像這樣的網站或網頁乾脆把它加到手機的桌面上，這樣只要在手機桌面上按下該網站的圖示鈕，就可以立即開啟網站。

請由 Chrome 瀏覽器的搜尋列上輸入關鍵字，並找到經常瀏覽的網站首頁，如左下圖所示。接下來按下右上角的「更多」鈕，於顯示的清單中點選「加到主畫面」指令，當出現「加到主畫面」的對話框時，直接按下「新增」鈕就可搞定。如右下圖所示：

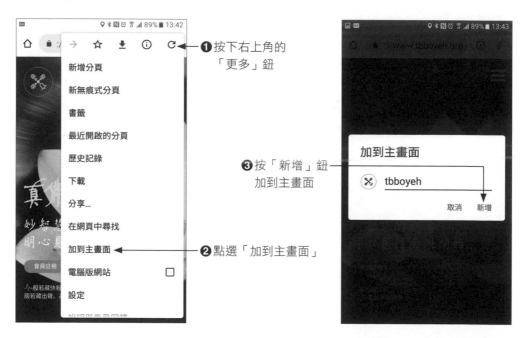

完成如上的設定後，當你在手機下方按下「Home」鍵，就可以在桌面上看到剛剛加入的網站圖示。

剛剛加入的網站圖示鈕

1-4-2　書籤功能

在使用瀏覽器時，大家都知道可以透過「書籤」功能將經常瀏覽的網頁加至書籤中，以加快下次瀏覽的速度。但是你知道手機中的「書籤」可包含「行動版書籤」和電腦版的「書籤列」兩種嗎？

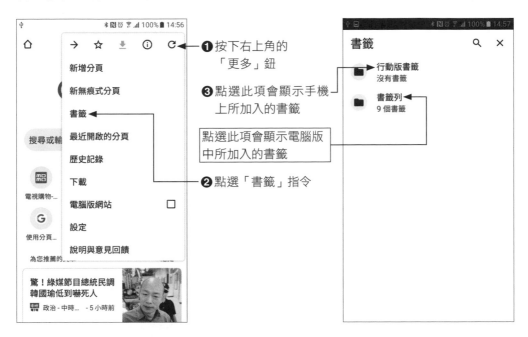

❶ 按下右上角的「更多」鈕

❸ 點選此項會顯示手機上所加入的書籤

點選此項會顯示電腦版中所加入的書籤

❷ 點選「書籤」指令

如右上圖所示，「書籤列」中的書籤是已經存放在你桌上型電腦中的書籤，所以當你想要快速瀏覽某個網頁，只要它已經加入到你的書籤中，就可以從清單中快速選取。

當各位利用智慧型手機搜尋到特定網站時，也可以自行依據需求和習慣，來選擇將網站加到「行動版書籤」或是電腦的「書籤列」。如下所示，當你按下星星圖示後，手機底端會顯示書籤加入的位置，預設值是加入至「書籤列」，如果不是你要的存放位置，可立即按下「編輯」鈕進行變更。

❶找到網站後，按下右上角的「更多」鈕

❷點選此鈕使加入書籤

❸跳出訊息欄，顯示存放的位置。要變更書籤位置則按下「編輯」鈕

當你按下藍色的「編輯」鈕後會進入「編輯書籤」畫面，點選「資料夾」的名稱即可進行切換。

按此處進行資料夾的切換

達人必學的 Gmail
關鍵指南

　　早期電腦網路不發達的時候，人與人之間的書信往返皆透過紙張郵寄或傳真，不僅費時、成本高，同時紙張也不易管理。由於電子郵件的發明加上網際網路的興盛，改變了以往人們使用書信或電話的連絡方式，更重要的是，在傳送或接收時間、費用和資料管理上，都有顯著的改善和提升。電子郵件仍然是現代許多人喜歡的聯絡方式，即使在行動通訊軟體及社群平台盛行的環境下，電子郵件仍然屹立不搖，根據統計有高達 68% 的人會使用行動裝置來收發電子郵件。

電子郵件（Electronic Mail, e-mail），就是一種可利用文書編輯器所產生的檔案，透過網際網路連線，將信件在數秒內寄至世界各地，不但具有免費、快速、方便的優點，將郵件寄送到世界各地也只需要短短的幾分鐘，簡單來說，電子郵件地址即網路上的信箱，格式為 username@hostname，其中 username 為使用者帳號，hostname 為郵件伺服器位址，中間以「@」符號分隔。標準電子郵件地址的外觀如下：

2-1　Gmail 初體驗

　　目前常見的電子郵件收發方式，可以分為兩類：POP3 Mail（如 Windows 系統提供的 Outlook）及 Web-Based Mail。POP3 Mail 是傳統的電子郵件信箱，通常由使用者的 ISP 所提供，這種信箱的特點是必須使用專用的郵件收發軟體，如電

子郵件軟體 Outlook。Web-Based 是在網頁上使用郵件服務，具備了基本的郵件處理功能，包括寫信、寄信、回覆信件與刪除信件等等，只要透過瀏覽器就可以隨時收發信件，走到哪收到哪，例如 Google 公司所提供的電子郵件系統 Gmail。

Gmail 是 Google 的電子郵件服務，它除了提供超大量的免費儲存空間外，還可輕易擋下垃圾郵件，而且也將即時訊息整合到電子郵件中，更允許你在行動裝置中及時讀取郵件。要使用 Gmail 電子郵件，請從 Google Chrome 瀏覽器右上角點選「Gmail」連結，或是按下 ▦ 鈕，也可以看到 Gmail 圖示：

也可以按此啟動 Gmail

❶ 按此鈕

❷ 選此圖示啟動 Gmail 程式

進入 Gmail 郵件系統

按此鈕顯示左側的主選單

2-1-1 撰寫郵件與收信

在 Gmail 中撰寫郵件的方式和其他電子郵件軟體差不多，點選「撰寫郵件」鈕後，在「新郵件」的視窗中輸入收件者的電子郵件、主旨、郵件內容，按下「傳送」鈕即可將信件傳送出去。這裡我們先寄一封郵件給自己，這樣也可以一併看到信件收到的情形。

➊ 按此鈕新增郵件

➋ 輸入對方郵件地址

➌ 輸入信件主旨

➍ 輸入信件內容

➎ 按「傳送」鈕傳送郵件

由於信件是寄給自己，所以當你按下「傳送」鈕後，馬上就可以看到自己的收件匣中已經出現剛剛寄發的信件了！

收到剛剛寄給自己的測試信件了！未讀取的信件會以粗體字顯示

2-1-2　郵件讀取 / 回覆 / 轉寄

對於尚未讀閱讀的郵件，Gmail 會以粗體字顯現，所以直接點選信件標題兩下，即可開啟和閱讀信件內容。若需要回覆信件，只要按下「回覆」鈕，再輸入回覆的內容，即可按下「傳送」鈕傳送出去。

顯示信件內容、寄件人資料以及信件收到時間

按此鈕可回覆對方訊息

另外，信件內容如需轉寄給其他人參閱，也只要按下信件下方的「轉寄」鈕，再輸入新的郵件地址，即可傳送給第三者。

2-1-3　附加檔案功能

電子郵件除了以文字方式表達信件內容外，你也可以在郵件中加入相片、文件、影片、音樂等其他檔案，它會以附加檔案的方式進行傳送，而且可以同時附加多個檔案。

輸入文件內容後，按此鈕選擇要附加的檔案

選取檔案後，按下「開啟」鈕

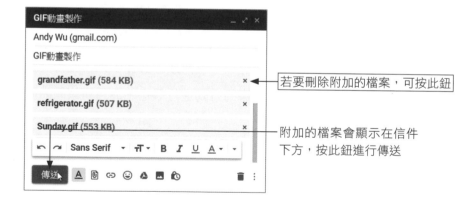

若要刪除附加的檔案，可按此鈕

附加的檔案會顯示在信件下方，按此鈕進行傳送

> **郵件中插入連結 / 表情符號 / 相片**
>
> 電子郵件中除了以附件方式插入附加的檔案外，也可以直接插入連結網址、表情符號、或是相片，只要按下「傳送」鈕右側的 🔗 鈕、☺ 鈕、🖼 鈕即可插入。

> **Gmail 支援 10 GB 超大附加檔案**
>
> 一般電子郵件通常只能傳送 25 MB 以內的附加檔案，由於 Gmail 和雲端硬碟都屬於 Google，整合之後可以透過 Gmail 傳送 10 GB 超大檔案，請利用「使用雲端硬碟插入檔案」🛆 鈕即可辦到。

2-1-4　瀏覽 / 下載附加檔案

　　當信件寄到你的 Gmail 信箱後，如果閱讀信件時有看到附加的檔案，將滑鼠移到附件上，就可以選擇將附加檔案進行下載、儲存至雲端硬碟、或是使用 Googlle 文件編輯。如下圖所示：

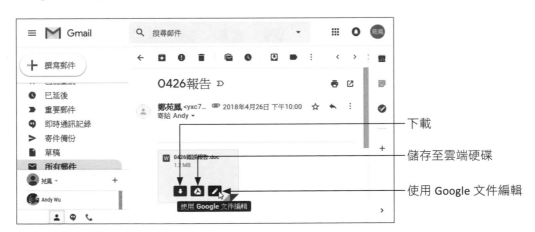

在郵件的列表中，你也可以知道那些信件中有附加檔案，如下圖所示，在郵件主旨下方直接點選附加檔案的圖鈕，立即就能檢視附件內容。

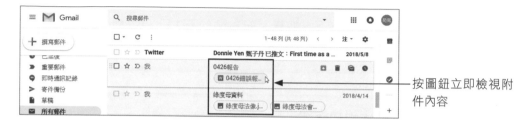

按圖鈕立即檢視附件內容

2-1-5　新增聯絡人資料

每次寄信時如果都要將對方的電子郵件輸入一次，那也是很麻煩的一件事，為了一勞永逸，你可以將經常往來的親朋好友或客戶的資料一次設定完成，這樣一來，以後寄信時就可以直接「收件者」的按鈕中選取聯絡人的資料。

要新增連絡人的資料，請在 chrome 瀏覽器中按下 ▦ 鈕，由選單中點選「聯絡人」的圖示，再進行新增的動作。

❶按此鈕

❷點選「聯絡人」

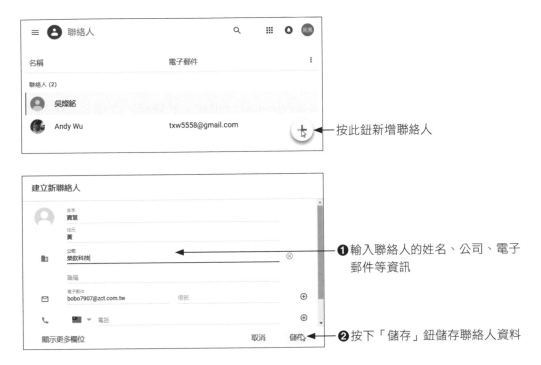

❶ 輸入聯絡人的姓名、公司、電子郵件等資訊

❷ 按下「儲存」鈕儲存聯絡人資料

設定之後，下回寄信時就可以快速將聯絡人的資訊插入。

❶ 按此鈕設定收件人資料

❷ 勾選聯絡人

❸ 按此鈕插入即可搞定

 快速搞定 Gmail 管理祕訣

早期的電子郵件內容只有文字模式，而現今由於多媒體技術的快速發展及通訊協定（Multipurpose Internet Mail Extention, MIME）的問世，使得 e-mail 也可以傳送多媒體檔案，如圖畫、聲音、動畫等。透過網路寄發郵件、收取郵件確實是相當方便的一件事，但是當收發的信件越來越多時，還是必須進行管理。這裡提供一些祕訣供各位參考，讓各位可以輕鬆享受 Gmail 的私房功能。

2-2-1　刪除郵件

對於一些商家寄來的廣告或行銷內容，如果沒有保留的價值，那麼就進行刪除吧！讓 Gmial 看起來清爽些。要刪除單一信件，可在信件主旨後方按下 🗑 鈕，信件就會丟到垃圾桶中。至於商家的付費廣告會在主旨之前顯示「廣告」的字眼，可直接在主旨之後按「x」鈕進行刪除。

廣告信件可按此鈕刪除

滑鼠移到信件主旨上，就會出現此四個按鈕，直接按「刪除」鈕進行刪除

如果有多封郵件想要一次刪除，請在信件前方進行勾選，再由上方按下「刪除」鈕進行刪除。

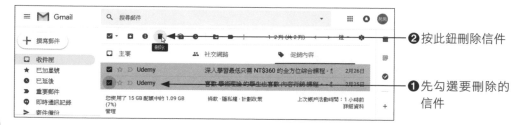

❷按此鈕刪除信件

❶先勾選要刪除的信件

2-2-2　永久刪除郵件

通常各位丟到垃圾桶的信件，只要超過 30 天，系統就會自動將這些郵件清除。但是當信件爆滿時，手動刪除可能是最快的方式。

❷按此鈕永久刪除郵件

❶按此鈕，下拉「全選」所有垃圾郵件

2-2-3　啟用 / 隱藏自動分類

Gmail 有提供「自動分類」的功能，可以將收件匣中的信件自動分類為「主要」、「社交網路」、「促銷內容」、「最新快訊」、「論壇」等類別，方便用戶尋找信件。像筆者的 Gmail 中是顯示前三種標籤，如果你想要啟動或隱藏分類，可以透過以下方式進行變更。

❶按此鈕

❷選擇「設定收件匣」指令

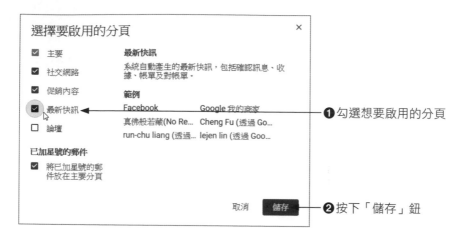

❶勾選想要啟用的分頁

❷按下「儲存」鈕

新啟用的分頁已出現了！

2-2-4 附加簽名檔

　　各位在寄信時，通常在信件最後都會加入個人的姓名、公司名稱、連絡電話，以及電子郵件等資訊，以方便對方可以和你聯繫。如果每次寄信時都要重新輸入這些資訊，確實也要花費一些時間，而且也可能有輸入錯誤的情形發生。事實上你可以在 Gmail 中設定簽名檔，這樣每次新增郵件時，簽名檔就會自動顯示的在信件的最後。如下圖所示：

簽名檔自動顯示在新郵件的底端

要讓新郵件自動附加簽名檔,各位可以透過「設定」 ⚙ 鈕來進行設定。方式如下:

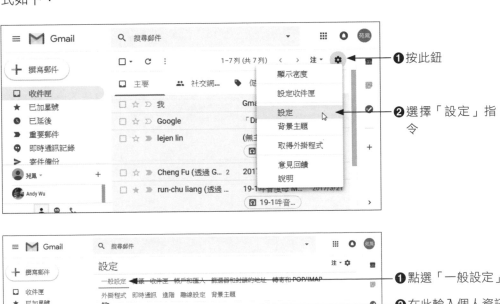

❶ 按此鈕

❷ 選擇「設定」指令

❶ 點選「一般設定」

❷ 在此輸入個人資訊

❸ 電子郵件輸入後,按此設定超連結

設定完成後，畫面移到最下方，按下「儲存變更」鈕，這樣才算完成簽名檔的設定工作。

2-2-5　啟用桌面通知功能

希望 Gmail 有新郵件到達時，能夠馬上通知你讀取，那麼你可以考慮啟用 Gmail 桌面通知功能。請由「設定」 ⚙ 鈕中點選「設定」指令，接著執行如下的幾個步驟，最後還要按下最下方的「儲存變更」鈕，才算完成啟用桌面通知的工作。

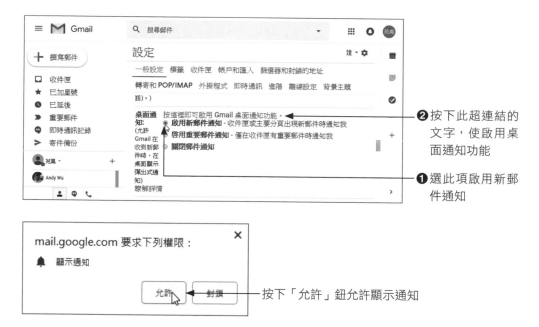

❷按下此超連結的文字，使啟用桌面通知功能

❶選此項啟用新郵件通知

按下「允許」鈕允許顯示通知

2-2-6　收回誤傳信件

當我們不小心誤傳信件時，不用擔心！ Gmail 也提供補救的機會，其實 Gmail 有內建延遲發送的選項，能幫我們收回誤傳信件，只要點選主畫面右上角

的齒輪按鍵進行相關設定，就可以在設定的秒數內取消信件的傳送。相關的操作
流程請參考底下的步驟說明：

按下設定鈕（齒
輪），再按這！

按下設定鈕（齒輪），再按這！

2-2-7 回覆提醒功能

我們每天都會收到許多信件，但是有時手邊正在處理一些事情，無法馬上處理或回覆該重要信件，因此每個人都會有許多不同的方式來提醒自己，我們也可以在 Gmail 設定類似鬧鐘的回覆提醒，它可以允許各位設定時間，時間一到就會提醒自己進行信件的處理。各位只要在想要延後的信件上方，找到小時鐘的圖案，點選後就可選取想要 Gmail 提醒你回覆的時間即可。如下圖所示：

03

最省心的 Google
線上日曆行程管理

　　Google 線上日曆算得上是現代人生活上不可或缺的工具，與所有行事曆一樣，Google 日曆理論上應該讓你能夠行事順利且準時，也是目前最多人使用的免費、雲端行事曆服務之一。它可以幫你記錄生活上的各種大小事情、提醒你重要會議、也能幫你建立活動、邀請朋友或是紀錄壽星生日，讓你隨時隨地都能掌握行程。這一章節就來針對 Google 的日曆功能進行探討。

3-1 安排行程新體驗

　　各位想要使用 Google 日曆來安排行程，必須先啟動「日曆」的應用程式。請由 Google 右上角按下 ⦂⦂⦂ 鈕，下拉選擇「日曆」，即可進入 Google 日曆。

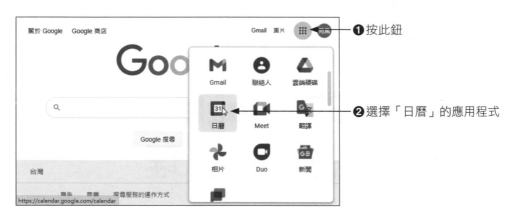

❶ 按此鈕

❷ 選擇「日曆」的應用程式

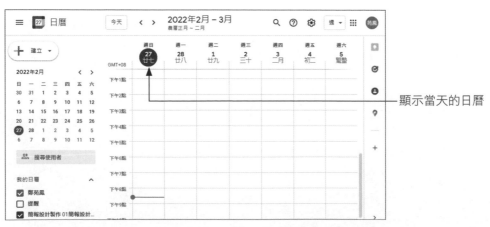

顯示當天的日曆

這一小節將針對日曆中常用的功能做説明，讓你可以增 / 刪活動、建立週期性活動或是進行標記，輕鬆以 Google 日曆幫你紀錄重要的行程。

3-1-1　新增日曆活動

要新增活動時，選定日期後按下「建立」鈕，並輸入時間、名稱、地點、相關資訊，就會將活動記錄到日曆上。

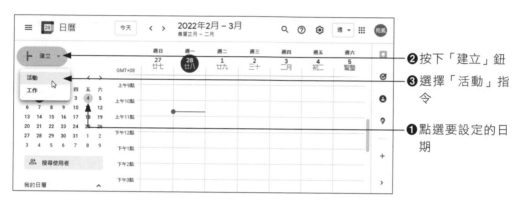

❷ 按下「建立」鈕

❸ 選擇「活動」指令

❶ 點選要設定的日期

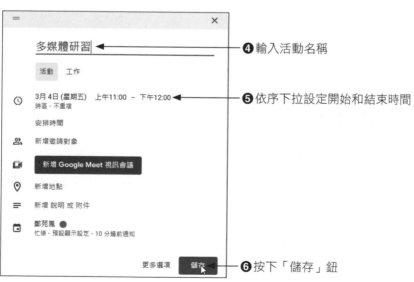

❹ 輸入活動名稱

❺ 依序下拉設定開始和結束時間

❻ 按下「儲存」鈕

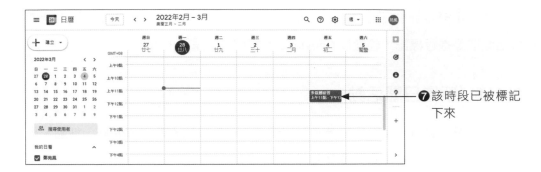

❼該時段已被標記下來

建立活動後，你可以透過右上角來進行切換，以天、週、月都可以看到該天已被標記下來。

3-1-2　建立週期性活動

有些活動是有週期性的，例如：學校課程、例行會議等，每個星期或每月都要輸入一次，也是很耗費時間。如果你使用 Google 日曆來建立周期性的活動，那麼只要設定一次就可搞定。

請在建立新活動時，由「不重複」下拉選擇循環的週期，另外，如果不希望因工作忙碌而錯過重要的活動，可設定通知的提醒時間喔！

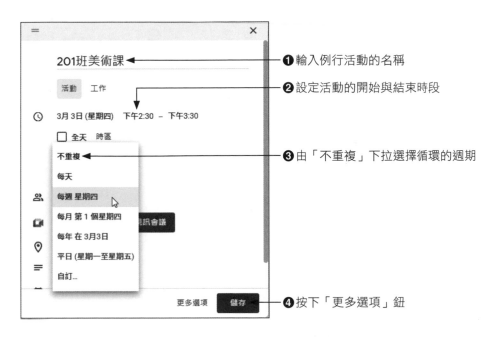

❶ 輸入例行活動的名稱

❷ 設定活動的開始與結束時段

❸ 由「不重複」下拉選擇循環的週期

❹ 按下「更多選項」鈕

❻ 按下「儲存」鈕
　儲存活動

❺ 由此設定幾分鐘
　前通知你

❼ 從設定該日起，每周同一時間就會標記成例行的課程

3-1-3 編修 / 刪除活動

有時活動時間有變更，想要修正 Google 上的活動資訊，只要點選該日期，當跳出方塊時，按下「編輯活動」 ✏️ 鈕就可進行修改，而按 🗑 鈕則是刪除活動。

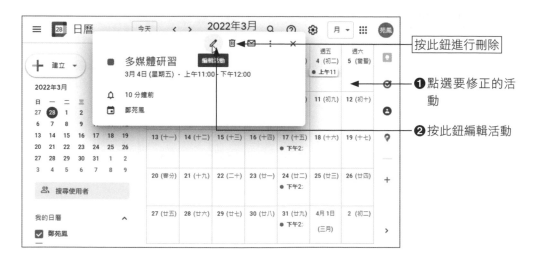

按此鈕進行刪除

❶ 點選要修正的活動

❷ 按此鈕編輯活動

3-1-4　以色彩標示活動類別

　　雖然在日曆上會顯示所有已建立的活動或課程，想要快速知道最近有那些較重要的活動，或是想要知道活動的性質，不妨透過顏色來做標記。「Google 日曆」本身有提供顏色標示的功能，按右鍵於活動上，即可進行色彩標示。

❶ 按右鍵於活動處

❷ 設定想要使用的色彩

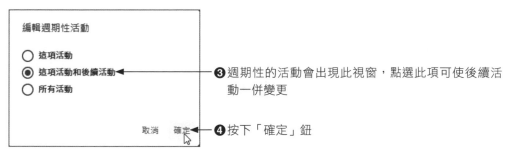

❸ 週期性的活動會出現此視窗，點選此項可使後續活動一併變更

❹ 按下「確定」鈕

❺ 瞧！同一時段的活動已全部變更完成

3-2 日曆進階應用

在 Google 日曆的多元功能中，擁有很多增加團隊合作效率的隱藏功能。了解日曆的基本應用技巧後，接著要來學習如何透過活動的建立來同時邀請對象，了解活動參與的情況、以及如何與他人共用日曆的進階應用。

3-2-1 新增活動邀請對象

在新增活動時，如果需要邀請相關人員參與活動或會議，可在右側輸入相關人員的電子郵件信箱，再進行儲存。

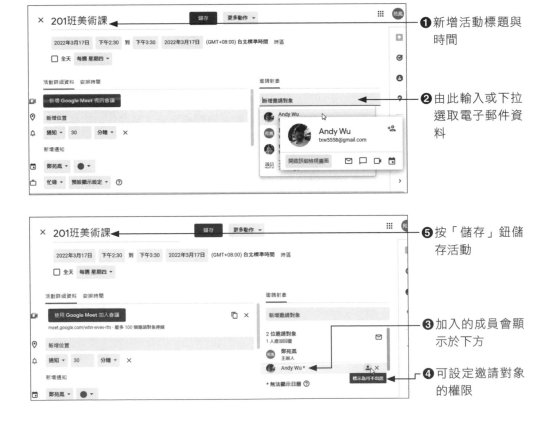

❶ 新增活動標題與時間

❷ 由此輸入或下拉選取電子郵件資料

❺ 按「儲存」鈕儲存活動

❸ 加入的成員會顯示於下方

❹ 可設定邀請對象的權限

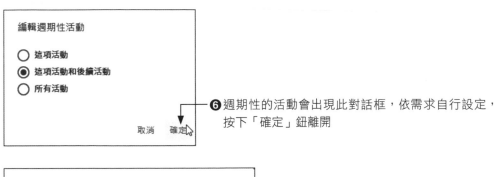

❻ 週期性的活動會出現此對話框，依需求自行設定，
　 按下「確定」鈕離開

❼ 按此鈕傳送邀請函

　　按下「傳送」鈕後，被邀請的對象就會收到邀請函，同時可依照個人的情況，來點選「是」、「不確定」、「否」等按鈕回覆主持人。只要對方有進行回覆，邀請人的 Gmail 信箱就會收到回覆信件。

受邀者收到邀請函
後，可回覆是否參
與

下方會自動顯示加
入 Google Meet 會
議的方式

3-2-2　回應活動參與情況

　　雖然你的電子信箱會收到對方的回覆信函，但是當參與的人數眾多時，那些人可以參加那些人不能參加，若要一一比對邀請的名單也是挺累人的。事實上在 Google 日曆上，你可以很清楚的看到活動參與的情況。

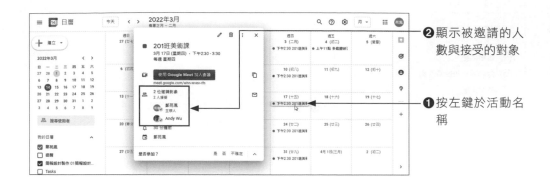

2 顯示被邀請的人數與接受的對象

1 按左鍵於活動名稱

3-2-3　與他人共用日曆

使用 Google 可以處理老師個人的教學課程外，也可以處理公家的行程，尤其是系秘書或特助之類的工作人員，經常還需要幫主管安排活動，此時不妨利用 Google 日曆來建立與他人共用的日曆。

當你利用 Google 日曆安排行程與活動後，可以透過「共用」功能來與特定人員共用日曆。要與他人共用日曆，請開啟「我的日曆」，接著點選個人名字後方的「選項」┇鈕，即可選擇「設定和共用」指令。

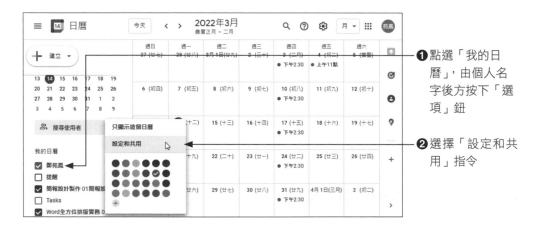

1 點選「我的日曆」，由個人名字後方按下「選項」鈕

2 選擇「設定和共用」指令

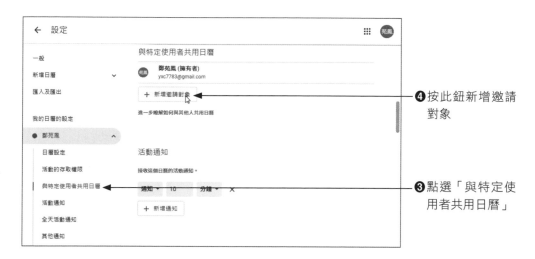

❹按此鈕新增邀請
對象

❸點選「與特定使
用者共用日曆」

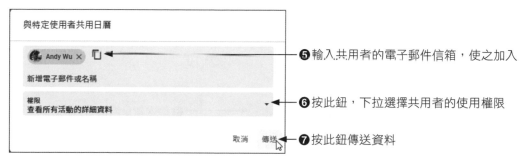

❺輸入共用者的電子郵件信箱，使之加入

❻按此鈕，下拉選擇共用者的使用權限

❼按此鈕傳送資料

　　在「權限」部分共有四個選項，包含：只能看見是否有空（隱藏詳細資訊）、查看所有活動的詳細資料、變更活動、進行變更並管理共用設定等，可依照需求自行選擇。設定完成後，各位就可以看到共用者的資料，如下圖所示：

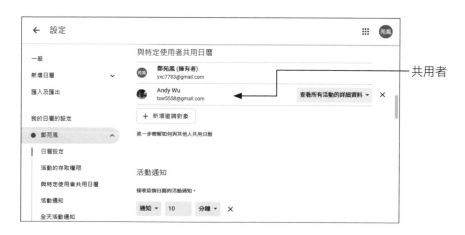

共用者

如果不想將個人日曆與他人共用，但因工作關係必須記錄相關的活動與行程，那麼可以由「新增日曆」下拉，即可選擇「建立新日曆」指令。

❶按此鈕

❷點選「建立新日曆」指令

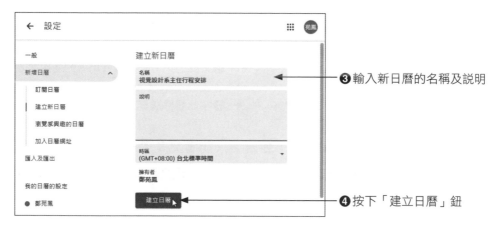

❸輸入新日曆的名稱及說明

❹按下「建立日曆」鈕

❺由此下拉，即可管理公用的日曆

輕鬆玩轉 Google
地圖指南密笈

　　Google 地圖是現代人生活必備的工具，因為出外旅遊可靠它規畫行程與路線，在外地不必怕迷路，還能透過空拍地圖來勘查地點。Google 能提供尋找商家、查尋地址或是感興趣的位置，只要輸入地址或位置，它就會自動搜尋到鄰近的商家、機關或學校等網站資訊，無論是研究家庭旅遊的新路線，或是出國自助旅行，只要在有支援 Google 地圖的地方，就能一次搞定行程的大小細節。在地圖資料方面，可以採用地圖、衛星或是地形等方式來檢視搜尋的位置，也可以將地圖放大或縮小檢視，而搜尋的結果也可以列印或是以 mail 方式傳送給親朋好友，功能相當的多元完善。

4-1　Google 地圖新手體驗

　　各位第一次使用 Google 地圖，可以從 Chrome 瀏覽器的右上角按下 ⊞ 鈕並下拉選擇「地圖」。

❷顯示鄰近區域的
地圖與商家資訊

❶按此鈕更新你的
位置

按 ◉ 鈕更新你的位置，目的在讓 Google 知道你目前的正確位置，這樣才能提供鄰近商家的資訊供你參考。

4-2 關鍵字搜尋生活大小事

透過 Google 地圖，你也可以使用關鍵字來搜尋生活中的大小事情，像是新聞節目中所介紹地美食、景點，只要輸入關鍵文字，就能立即知道它的正確位置與相關資訊。例如筆者只輸入「六合」二字，相關資訊就會自動列出，點選「六合夜市就能看到地圖、相片、地址、電話、評論等各種資訊。

輸入關鍵字,並選擇最適切的字詞

顯示該區的地理位置、標記與相關資訊

按此二鈕可縮放地圖

　　在地圖上有許多的商家標記,按點標記就可以看到其他人對商家的評比,而評論的內容會在左側的視窗中看到,可做為你規劃行程的參考。

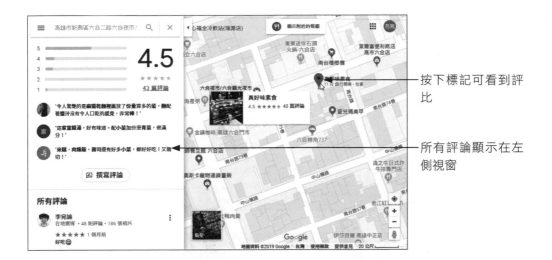

按下標記可看到評比

所有評論顯示在左側視窗

3D 衛星空拍地圖

當你查詢到一個地點時,想要更進一步了解該地狀況,不妨透過 3D 衛星空拍地圖,來體驗它的真實立體感。

按此鈕切換成衛星空照圖模式

按下「3D」鈕，使進入 3D 傾斜模式

使用滑鼠滾輪可以調整遠近

按住滑鼠左鍵並拖曳，可查看附近周遭的環境

4-4 規劃旅遊行程路線

　　到國外去觀光旅遊或出差倒真的是一件讓人怦然心動的好消遣，除了可以倘佯在與國內全然不同的風景名勝之外，更可以欣賞到許多五花八門的人文風俗。當你需要拜訪陌生地點或是個人自助旅遊規劃，這時你可以利用 Google 來協助你開車或是搭乘大眾運輸工具、走路、騎車等路線。

按此鈕規劃路線

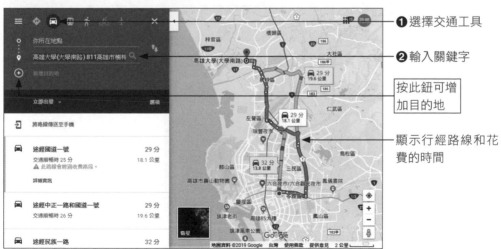

❶ 選擇交通工具

❷ 輸入關鍵字

按此鈕可增加目的地

顯示行經路線和花費的時間

　　如果還有其他的目的地，按下鈕可繼續新增，它會將最快的路線規劃出來供使用者參考，另外，按下「選項」鈕可選擇避開收費路線、高速公路或渡輪，讓你輕鬆進行判斷。

「選項」中所提供的路線選項

顯示所有地點的總耗費時間

接收即時路況

出門最怕的就是大塞車，如果卡在車陣中動彈不得，那就得傷腦筋。所以規畫好行程路線後，還是查看一下即時路況比較妥當。由上圖的左上角按下「選項」鈕，接著點選「路況」指令，就可從地圖上的顏色來了解交通流量，綠色代表交通順暢，暗紅色則是擁塞狀況。

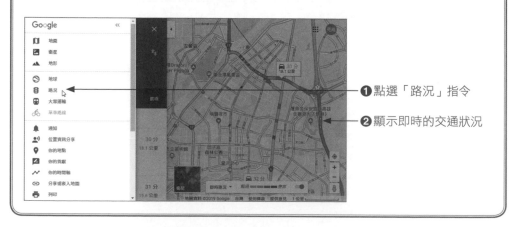

❶ 點選「路況」指令

❷ 顯示即時的交通狀況

4-5　Google 我的商家

由於 Google 一直在努力尋求提高自己本地的搜索結果 及 Google 地圖應用程式的價值，就有所謂的當地網站搜尋優先（Local Search）的概念，Google 會以搜尋者所在的位置列入優先考量，絕大部分到店來訪者或來電詢問者都是透過手機進行搜尋，例如 " 我附近的咖啡店 "，" 我所在地區的水電工 " 或 " 這一區最受歡迎的餐廳 " 等。如果您的企業沒有針對在地化搜尋進行優化，那麼您將會失去很大部分的顧客。其中最簡單的方式就是開始建立一個「Google 我的商家」（Google My Business）頁面。

行動裝置配備 GPS，可以精準掌握用戶位置

「Google 我的商家」是一種在地化的服務，讓商家可以自行打理自己的網路門面，並透過手機、平板電腦或桌機與客戶互動，以便提供給消費者完整的商家資訊。所以各位如果有經營小吃店，想要讓消費者或顧客在 Google 地圖上找到自己經營的店面，就可以申請「我的商家」服務。只要驗證通過後，就可以在 Google 地圖上編輯您的店家完整資訊，也可以上傳商家照片來使您的地標看起來更具吸引力，更有助於搜尋引擎上找到你的商家。

4-5-1　申請我的商家

想要在 Google 上申請「我的商家」並不難，各位請連上「Google 我的商家」，其網址為：https://www.google.com/intl/zh-TW/business/。連上網之後，接著點選「馬上試試」鈕即可進行申請的步驟。

第 1 步：

❶ 連上「Google 我的商家」，網址為：https://www.google.com/intl/zh-TW/business/。

❷ 點選「馬上試試」鈕

第 2 步：接著輸入您店家的「商家名稱」，接著按「下一步」鈕。

第 3 步：接著輸入您商家的住址資訊，接著按「下一步」鈕。

第 4 步：點選「這些都不是我的商家」，接著按「下一步」鈕。

第 5 步：選擇最符合您商家的類別，例如：「小吃店」，接著按「下一步」鈕。

第 6 步：選擇您想要向客戶顯示的聯絡方式，接著按「下一步」鈕。

第 7 步：最後進入驗證商家，接著按「完成」鈕。

第 8 步：接著請選擇驗證的方式，請確認您的地址是否輸入正確，如果沒問題請
　　　　點選「郵寄驗證」。

第 9 步：接著按「繼續」鈕。

第 10 步：會開啟如下圖的尚待驗證的畫面，多數明信片會在 16 日內寄達。

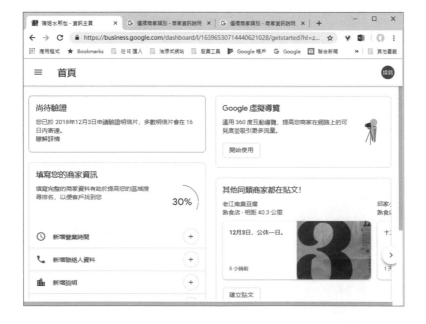

　　向 Google 驗證你的商家，就能在 Google 搜尋和地圖中向客戶顯示商家資訊。有的商家也會使用電子郵件或電話的方式來取得驗證碼。驗證程序有助Google 確認商家資訊的正確無誤，而且只有商家才能能夠存取這些資訊。

　　完成如上的申請手續，Google 商家會依照你的要求寄出「Google 我的商家」驗證碼，當你收到驗證郵件後，再請登入 Google 我的商家進行驗證碼的驗證即可，等服務開通後，在 Google 地圖就可以搜尋到您的店家。由於使用「Google 我的商家」功能時，代表你已經同意 Google 的「服務條款」與「隱私權政策」，因此建議各位不妨了解相關條款後再按下「開始使用」鈕開。

4-5-2　填寫商家資訊

　　在等待驗證碼送達的期間，各位不妨花一點時間來填妥你的商家資訊，以便提供給客戶需要商家詳細資訊。下面是「我的商家」首頁，請在視窗中填寫營業時間、新增聯絡人資料、說明、標誌等資料，填寫完整的商家資料有助於提高你的區域搜尋排名，以便客戶找到你的商家。

顯示商家首頁內容，
可以開始填寫你的
商家資訊

4-5-3 以貼文分享最新消息

當你完成驗證工作後，你也可以直接在「Google 我的商家」中發佈貼文，
以便發布店裡的最新消息和商品服務，Google 會將你的貼文顯示在 Google 搜尋
和 Google 地圖上，這樣不但可吸引忠實客戶再次光顧，還能讓進行搜尋的潛在
顧客自動上門。

請切換在「貼文」的標籤，請在「撰寫貼文」區塊按一下滑鼠，即可進入
「建立貼文」的視窗中輸入商品名稱、價格等資訊，或是設定活動和優惠，發佈
之後就可以增加商店的曝光機會。

按此區塊建立貼文
發佈

4-5-4　展示你的商家

　　為了吸引客戶上門，你也可以上傳與你的商家、產品、優惠有關的相片和影片供顧客查看。只要商家已經通過驗證後，就可以將展示的內容發佈到 Google 上，否則未驗證驗證商家資訊前，上傳的資料並不會被顧客看到。

　　如果要上傳展示店家標誌、封面、或影片的資料，請切換到「相片」標籤，就能依照類別進行選擇要上傳的內容。

❶ 切換到「相片」標籤

❷ 通過驗證後才可由此進行資料的上傳

05

打造美好生活體驗的 Google 神器

在網路的世界中，Google 的雲端服務平台最為先進與完備，所提供的應用軟體包羅萬象，主要是以個人應用為出發點，打造美好生活體驗。能支援各種平台裝置的 App，事實上它還有許多的好用的功能，這一章節將針對 Hangouts 即時通訊、Google Sites 協作平台、Keep 記事與提醒等作說明，讓各位聰明使用這些好用又免費的生活神器。

5-1 Google Hangouts 即時通訊

如果想到與朋友進行即時通訊，通常大家會想到用 Line、Messenger、WeChat 等即時通訊軟體，Google Hangouts 也可以進行類似 Line、Messenger、WeChat 的訊息傳送、語音通話和視訊通話，除了可以一對一傳送訊息進行交談外，也可以發起群組對話，最多可將 100 位好友加進群組聊天通訊，而群組通話最多可有 10 人參與，還可以在對話中還可以加入相片、地圖、表情符號、貼圖和 GIF，讓聊天內容更加生動有趣。透過語音和視訊通話功能，就可以隨時與親朋好友保持聯絡，你也可以將不同裝置上聊天紀錄同步，隨時隨地延續對話，並且在 Android、iOS、網路上與好友哈拉聊天。

5-1-1 啟動 Google Hangouts

各位如果想要使用 Google Hangouts 進行視訊會議或線上交談，除了可以安裝 App 軟體外，也可以透過 Chrome 瀏覽器來使用，只要擁有 Google 帳號，就可以線上直接進行通訊。請由瀏覽器右上角按下 ⊞ 鈕，出現左下圖的畫面後，點選「更多」，接著切換到右下圖選擇 Hangouts 圖示，就可以進入 Google Hangouts 介面。

❶按此鈕

❷選擇「更多」　　　　　　　　　　　❸選擇 Hangouts

當各位進入 Google Hangouts 後，按下 ⊕ 鈕可新增名稱、電子郵件或電話號碼，然後找到朋友並把他們加到聯絡人之中。如下圖所示：

按此鈕可新增名稱、電子郵件或電話號碼

5-1-2　與朋友即時對話

當你把朋友加入左側的清單後，下回只要點選朋友的大頭貼或名稱，右側就會自動顯示對方的對話視窗，讓你傳送訊息、選擇視訊或是上傳圖片。

5-1-3 Hangouts 的商務特點

　　對於常使用通訊軟體的人來說，以 Hangouts 進行視訊、通話、傳訊息並不困難，但是 Hangouts 有一些特別適合商務工作的特點，例如所有對話、通訊錄都會自動備份到 Gmail 管理，在 Gmail 中可以搜尋到所有對話記錄。另外只要在 Google Hangouts 裡面傳送的照片，也會同步備份在群組專屬的「Google 相簿」中，群組中的成員於會議結束後，可以到 Google 相簿查看線上交談過程中所傳送過的相片。此外，Google Hangouts 在網頁版上進行視訊聚會時，可以連結其他的 Web App，在視訊會議過程不只能透過影像討論，還能直接打開各種 Google 文件編輯工具進行協同合作，讓參與會議的同仁有更多元的溝通方式。

　　此外，目前全球玩直播正夯，特別是在新冠疫情時期讓很多人開始嘗試在社群上看直播，許多店家或品牌開始將直播作為行銷手法，直播帶貨也成為品牌非常喜歡的行銷模式之一，消費觀眾透過行動裝置，特別是 35 歲以下的年輕族群觀看影音直播的頻率最為明顯，利用直播的互動與真實性吸引網友目光，從個人販售產品透過直播跟粉絲互動，直播行銷最大的好處在於進入門檻低，只需要

網路與手機就可以開始，不需要專業的影片團隊也可以製作直播，現在不管是明星、名人、素人，通通都要透過直播和粉絲互動。唐立淇就是利用直播建立星座專家的專業形象，發展出類似脫口秀的節目。

星座專家唐立淇靠直播贏得廣大星座迷的信任

　　Google Hangouts 也可以免費公開視訊直播，當你要進行 Google Hangouts 私人視訊會議或直播前，可以利用 Google 日曆來事先排定視訊會議時間，只要在 Google 日曆上建立一個會議約會，然後在會議編輯畫面裡選擇「新增視訊通話」，這樣所有被邀請者都可以在會議時間參與視訊。

利用 Google 日曆可事先排定視訊會議時間

由於 Google Hangouts 使用的是 Google 帳號，為了提高帳號的安全性，可以藉由兩步驟驗證機制，同時使用密碼和自己持有的手機來確保帳戶安全性，那麼可以確保自己的帳號被盜用的風險，也讓通訊更安全。

在今天的網路世代常會有不同的工作平台，在電腦端可以從 Gmail、Google Hangouts 網頁上打開來直接通訊，也可以安裝「獨立的 Google Chrome Hangouts App」，就能在桌面上用獨立視窗進行即時通。為了達到在電腦、Android、iOS 跨平台即時通訊，只要在每一台行動裝置下載安裝 Android 或 iOS App，再登入自己的 Google 帳號，就可以在電腦、Android、iOS 所有裝置保持同步，可以在跨平台不同裝置間保留聊天紀錄，隨時隨地延續與朋友間的對話內容。

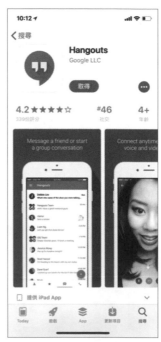

在 iOS 裝置上也可以下載 hangouts

5-2 Google 地球

「Google 地球」能以各種視覺化效果檢視地理相關資訊，透過「Google 地球」可以快速觀看地球上任何地方的衛星圖像、地圖、地形圖、3D 建築物，甚至到天際中探索星系。Google Earth 自 2017 年 4 月開始，將單機版的 Google 地球標準版改版成以 Chrome 瀏覽器為基礎的雲端版。

5-2-1 啟動 Google 地球

要進入 Chrome 瀏覽器為基礎的雲端版，請由如下方式啟動：

除了上述方式進入 Google 地球 Chrome 版外，也可以直接連上以下的網址：https://earth.google.com/web。

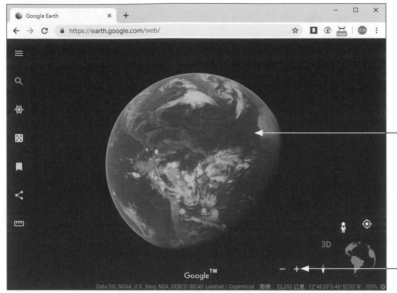

使用拖曳方式、滑鼠滾輪也可以改變觀看的角度

由此放大或縮小地球

　　Google 地球可讓您從外太空拉近鏡頭來觀看我們的地球。每次啟動「Google 地球」，地球都會出現在主視窗中，這個區域稱為「3D 檢視器」。各位可以透過拖曳的方式、滑鼠滾輪、或是瀏覽器上的「+」、「-」鈕來縮放和轉動地球。讓你可以從外太空拉近鏡頭來觀看我們的地球，你也可以輕鬆找到自己的國家、居住位置，而選取藍色標明的位置，即可進入街景服務。

點選藍色區域會進入街景服務

拖曳滑鼠滾輪，你
也可以輕鬆找到特
定地點

5-2-2　搜尋特定地點

　　如果你想從 Google 地球上快速找尋特定的地點，也可以透過「搜尋」的功能來進行搜尋，按下左側的 🔍 鈕，當出現「搜尋」列時，直接輸入想要搜尋的關鍵字，例如輸入「大稻埕」，按下「Enter」鍵就會立即看到它。

❶ 按此鈕

❷ 輸入關鍵文字
「大稻埕」，按
「Enter」鍵

❸ 地球立即切換到
大稻埕的位置

5-2-3　檢視街道全景

　　無論各位是在尋找特定地址、兩條街道的交叉口、城市、州或國家，都可透過「搜尋」列來快速找到目的地。之後按下右下角的 █ 鈕可開啟街景服務，同時在街道上可看到許許多多的藍色標記。如下圖所示：

❷點選藍色的位置
可進入全景相片
的瀏覽

❶按此鈕啟動街景

　　各位點選藍色標明的位置，就會進入該區域的全景相片，讓你透過滑鼠拖曳，即可 360 度旋轉畫面，輕鬆於各建築物或景緻間進行遊覽。

拖曳相片即可往上
/ 下 / 左 / 右瀏覽風
景

5-3　Google Sites 協作平台

　　Google 協作平台是 Google 推出的線上網頁設計及網站架設的工具，新版的 Google Sites 提供了全新的佈景主題，能搭配不同的配色風格來加以調整，讓設計出來的網頁風格更加時尚美觀，因此 Google 協作平台非常適合學生、社團、中小企業以合作的方式建立專屬的網站。

　　例如許多老師會使用 Google 協作平台來架設班級網頁，在這個班網中可以整合班級所有同學的相簿、指定作業或教學資源，不僅方便全班同學查看，也可以提供給家長使用。例如底下的澎湖縣校外教學資源整合平台網頁就是學校老師使用 Google sites 所建置。網址：http://outdoor.phc.edu.tw/。

5-3-1　登入 Google Sites 協作平台

　　要登入 Google Sites 協作平台，請開啟 Chrome 瀏覽器，於網址列輸入「https://Sites.google.com/new」，按下「ENTER」鍵就可以連結到 Google Sites 協作平台網站，如果確認已登入 Google 帳號，就會進入 Google 協作平台主畫面。

5-3-2 建立與編輯新的協作平台

進入如上的協作平台，只要在主畫面中按下右下角的 ⊕ 鈕，即可建立新的協作平台」，並開始開始網頁的編輯工作。

　　Google 協作平台採用所見即所得及智能編輯的方式，來讓您的網頁的設計過程更直覺，即使不懂一行程式碼，也可以快速建立一個漂亮的網站。網站中網頁編輯流程的方式，就如同在 Google 文件編輯文章一樣簡單，甚至如果想要網站有多頁面的架構，也可以新增多個分頁，分別編輯不同的網站內容。為了符合現在多螢幕的瀏覽需求，新版「Google 協作平台」製作出來的網站後，就可以將完成的網站發佈到網路上，以供全球各地的網友觀看。同時自動適應各種不同大小的螢幕，自動調整版面。

5-4　Google Keep 記事好功能

　　日常生活中有許多大大小小的事，有時需要快速記下一些想法、待辦事項或購物清單，Google Keep 功能不僅可以幫助各位紀錄文字，還可以白動將語音轉成文字。同時在記事中也可以將書面文件或海報拍照，並加以存檔。此外還可以與他人共用 Keep 記事，並即時進行協作共同編輯，而記事本的內容還可以直接複製到 Google 文件中。

　　Google Keep 還提供搜尋的功能，可以幫助使用者輕鬆快速找到自己先前所建立的記事內容。目前 Google Keep 有網頁版、行動裝置版及電腦版。例如開啟 Chrome 瀏覽器連結到 Google Keep 首頁 (https://keep.google.com) 就能開啟 Google Keep 網頁版。第一次開啟會有最近功能的說明，按一下「知道了」，接著就可以按一下「新增記事」來紀錄自己生活中的大小事。

　　除了網頁版外，各位也可以從 Chrome 線上應用程式商店下載 Google Keep 應用程式，網址為 http://g.co/keepinchrome。如下圖所示：

不求人 Google
相簿分享秘訣

　　數位時代，很多東西都數位化，年輕人喜歡美而新鮮的事物，尤其是智慧型手機在手，走到哪裡拍到哪裡，特別是用戶可以利用智慧型手機所拍攝下來的相片，還可以透過許多編輯工具能將照片提升亮度、銳利化或調整角度與濾鏡功能等，因為拍攝的相片／影片越來越多，相機空間總是不夠用，那麼你就需要使用 Google 雲端相簿了。Google 相簿除了可以妥善保管和整理相片外，也可以和他人共享／共用相簿，還能進行美化、建立動畫效果、製作美術拼貼等處理，不管相片是在手機上或電腦，都可以進行編修與管理，相當方便實用。

原拍攝畫面

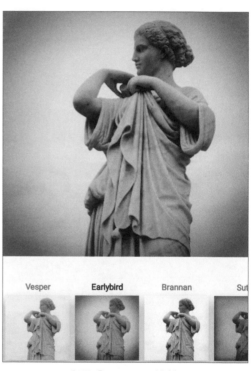

套用「Earlybir」濾鏡

6-1　不藏私 Google 相簿管理

首先我們針對 Google 相簿的使用與管理進行說明。包括相簿的啟用、上傳相片、建立相簿等功能做說明。

6-1-1　啟用 Google 相簿

各位在 Chrome 瀏覽器右上角按下 ⊞ 鈕並下拉選擇「相片」圖示，即可進入「Google 相簿」的應用程式。

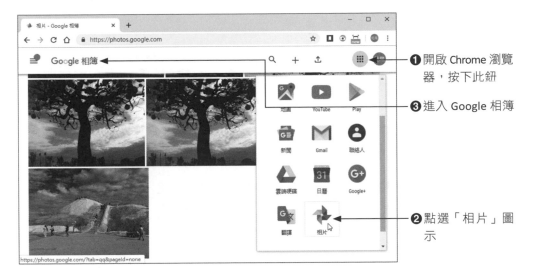

❶ 開啟 Chrome 瀏覽器，按下此鈕

❸ 進入 Google 相簿

❷ 點選「相片」圖示

6-1-2　立馬上傳相片

進入「Google 相簿」的應用程式後，按下右上角的「上傳」鈕，即可上傳相片。上傳相片時可決定高畫質或原始的畫面大小，另外也可以順便設定相簿的名稱，以方便相片的管理。

按此鈕上傳相片

❶ 選取要上傳的檔案

❷ 按下「開啟」鈕開啟檔案

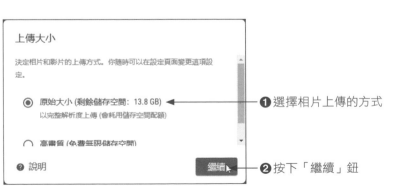

❶ 選擇相片上傳的方式

❷ 按下「繼續」鈕

顯示相片已上傳至
Google 相簿

按此鈕可新增相簿

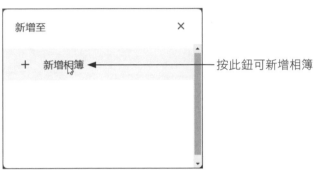

按此鈕可新增相簿

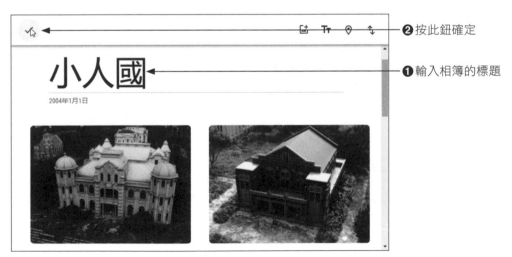

❷ 按此鈕確定

❶ 輸入相簿的標題

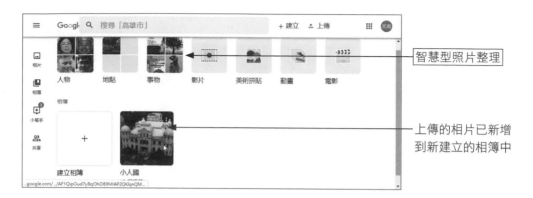

智慧型照片整理

上傳的相片已新增到新建立的相簿中

Google 相簿具有智慧型照片整理功能，可以依據日期或事物主題、人物、地點……自動分類照片，（如上圖中所顯示「人物」、「地點」），對於不太喜歡手動分類相簿的使用者而言，也能將相片分類工作交給 Google 相簿處理。

在此輸入名稱後，當需要某類型照片時，只要利用關鍵字搜尋，Google 會自動幫我們找出這些照片

Google 自動辨識人像，將有該名人物的相片通通集合在一起

6-1-3　手動建立相簿

已上傳的相片，如果想要進行分類管理，只要先在相片的左上角進行勾選，接著點選右上角的「＋」鈕，即可新建相簿或是新增到現有相簿中。

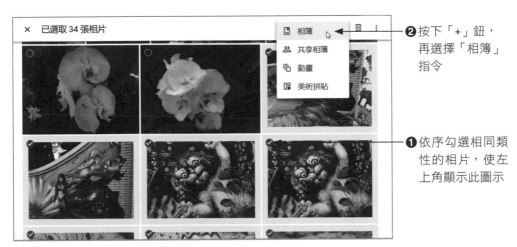

❷ 按下「+」鈕，
再選擇「相簿」
指令

❶ 依序勾選相同類
性的相片，使左
上角顯示此圖示

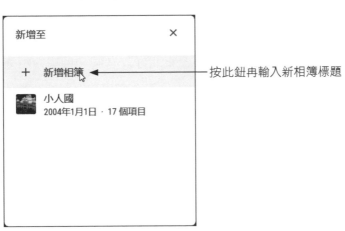

按此鈕冉輸入新相簿標題

6-1-4 刪除相片 / 相簿

存放在「Google 相簿」裡的相片，如果確定不要保留，可以在勾選後，按
下右上方的「垃圾桶」🗑 來進行刪除，它會從 Google 帳戶、同步處理裝置和共
享的位置中進行移除。

❷按此鈕刪除

❶勾選不要的圖片

6-1-5 共用相簿

Google 相簿提供「共用相簿」的功能，可以讓親朋好友在同一個雲端相簿上傳各自的照片，共同分享喜悅與整理。這對團隊的分工合作也有很大的助益，像是攝影師將拍攝的相片以「共用」的方式分享出來，那麼負責視訊剪輯的人員就可以自行找尋所需的相片資料來編輯。設定共用相簿的方式如下：

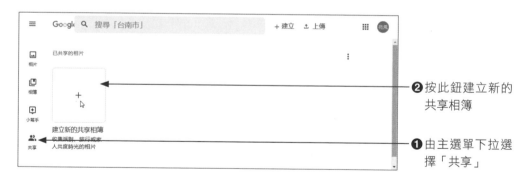

❷按此鈕建立新的共享相簿

❶由主選單下拉選擇「共享」

❸輸入相簿的標題

❹按此鈕清除瀏覽
資料

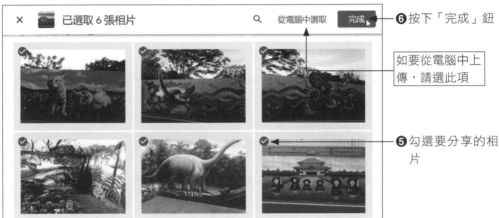

❻按下「完成」鈕

如要從電腦中上
傳，請選此項

❺勾選要分享的相
片

顯示已選取的共享
相片，按此鈕共享

出現此視窗後，按下「建立連結」鈕會顯示連結的網址，請按下「複製」鈕複製網址

　　接下來將網址貼給你的朋友，這樣對方就可以與你共享相簿了！相簿設定為「共享」後，設定者還可以在該相簿中新增相片，如果協同合作，或是要讓共用者可以知道哪些人已受邀或加入，可透過「選項」功能來進行設定。如下所示：

進入共享相簿後，按下「更多選項」鈕，再由此選擇「選項」指令

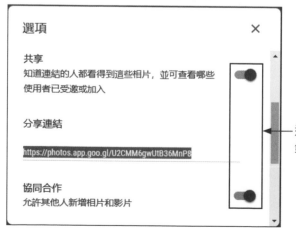

進入共享相簿後，按下「更多選項」鈕，再由此選擇「選項」指令

6-2　進階相片編修高手之路

Google 相簿不只在管理和分享上提供給使用者相當多的彈性，還可以針對相片進行裁切、旋轉、基本色彩的調整、加入色彩濾鏡等處理，這裡就來看看它的使用技巧。

6-2-1　基本調整與色彩濾鏡

要進行相片的色彩與基本調整，請在相簿中點選相片，再由相片的右上角點選「編輯」鈕，即可進行調整。

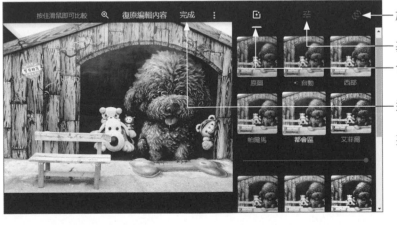

按此「編輯」鈕

旋轉

基本調整

色彩濾鏡

選取效果後，按下「完成」鈕完成調整

　　進入如上的編輯視窗後，右上方包含「色彩濾鏡」、「基本調整」、「旋轉」等三個標籤頁，請直接點選縮圖範本或是透過滑鈕調整比例，確認變更的效果則按「完成」鈕即可。特別注意的是「基本調整」標籤，在「亮度」和「顏色」後方按下■鈕，還有更多的調整項目，諸如：對比、加亮、暈影、色溫、膚色、著色等，讓用戶有更多的調整空間。

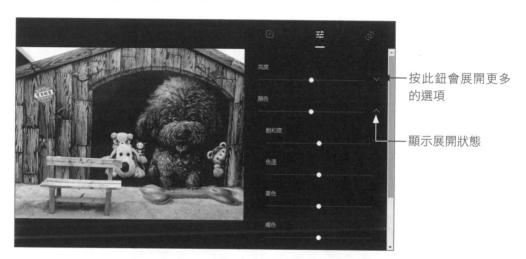

按此鈕會展開更多的選項

顯示展開狀態

6-2-2 舞動相片動畫

　　在 Google 相簿裡，你也可以將兩張以上的相片建立成動畫檔喔！設定方式可以在「相簿」裡按下「動畫」的資料夾圖示，或是在相簿的右上方按下「+」鈕，下拉選擇「動畫」指令。

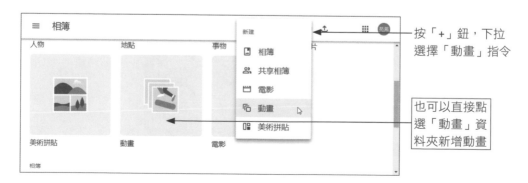

按「+」鈕，下拉選擇「動畫」指令

也可以直接點選「動畫」資料夾新增動畫

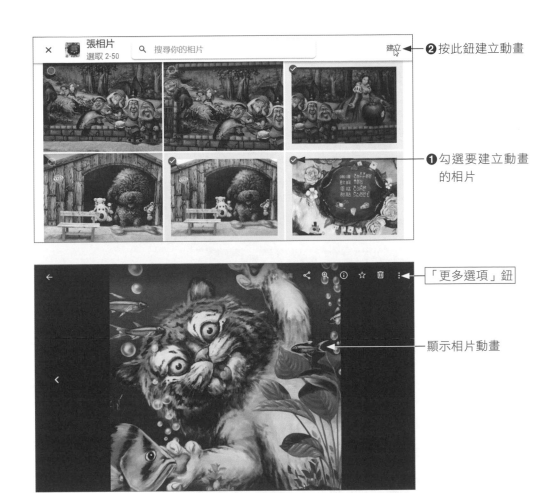

❷按此鈕建立動畫

❶勾選要建立動畫的相片

「更多選項」鈕

顯示相片動畫

相片動畫建立後，按下右上角的「更多選項」 鈕，即可進行下載、加到共享相簿等動作。

投影播放	
下載	Shift + D 鍵
新增到相簿	
加到共享相簿	
封存	Shift + A 鍵

6-2-3　建立美術拼貼效果

「Google 相片」也可以將多張相片拼貼在一起，讓你一次就可以同時看到多張相片。各位從視窗右上角按下「+」鈕，下拉選擇「美術拼貼」指令，即可進行相片的選取。

❶ 按下「+」鈕

❷ 選擇「美術拼貼」指令

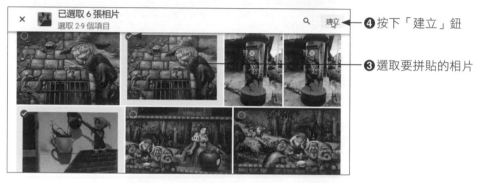

❹ 按下「建立」鈕

❸ 選取要拼貼的相片

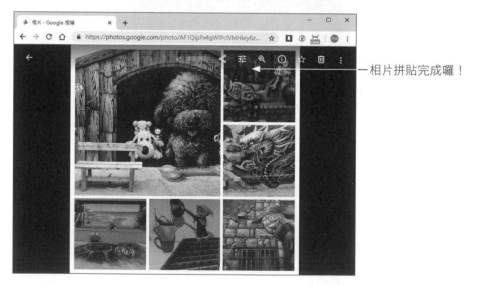

相片拼貼完成囉！

6-2-4　一次下載 google 相簿到電腦

　　自 2021 年 6 月 1 日起，Google 停止 Google 相簿的「無限免費空間」服務，之後上傳的所有照片、影片等，都將開始計算容量，納入免費帳戶 15 GB 或付費帳戶的空間中，不過值得慶幸的是，6/1 前已經上傳的照片將不會被列入這 15G 的空間。如果各位想查看目前還剩下多少空間，可以連上下圖的網址（https://photos.google.com/quotamanagement）來管理各位的儲存空間，這個網頁中可以清楚看出使用者目前剩餘多少的儲存空間，還可以允許各位選購 Google One 會員來擴充你的容量。

https://photos.google.com/quotamanagement

　　如果各位打算先行將 Google 相簿裡面的照片匯出到自己的電腦或是其他空間，還可以開啟「Google 匯出」的服務頁面（Google Takeout），可以一次打包匯出 Google 相簿裡面的所有照片。接著我們就來示範如何匯出 Google 相簿裡面的照片。首先請先連上「Google 匯出」的服務頁面（Google Takeout），網址為：

https://takeout.google.com/，其參考步驟如下：

因為預設狀態是全部勾選，所以要先「取消全選」

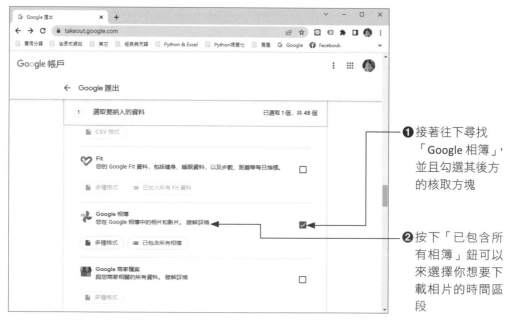

❶ 接著往下尋找「Google 相簿」，並且勾選其後方的核取方塊

❷ 按下「已包含所有相簿」鈕可以來選擇你想要下載相片的時間區段

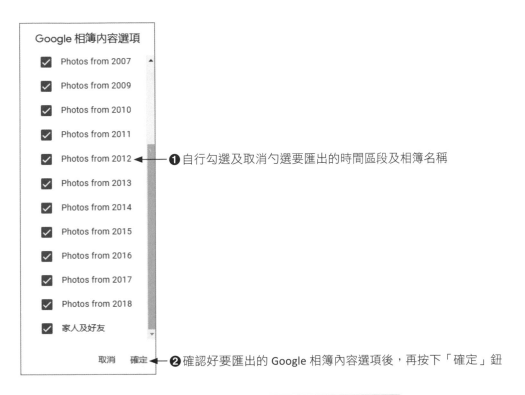

❶自行勾選及取消勾選要匯出的時間區段及相簿名稱

❷確認好要匯出的 Google 相簿內容選項後，再按下「確定」鈕

繼續將「Google 匯出」的服務網頁往下滑到最底，再按「下一步」鈕

接著設定 Google 匯
出的傳送方式、匯
出的頻率、檔案類
型和大小，一切就
緒後就可以按下
「建立匯出作業」
鈕，以完成 Google
匯出的工作。

07

24 小時不打烊的 Google 雲端硬碟

Google 雲端硬碟（Google Drive）能夠讓你儲存相片、文件、試算表、簡報、繪圖、影音等各種內容，免費版 Google 雲端硬碟容量是 15GB。和其他的雲端硬碟產品比起來確實可讓你無論透過智慧型手機、平板電腦或桌機，在任何地方都可以存取雲端硬碟中的檔案文書作業系統、資料庫、多人協作平台；或是用來編修圖片、網路傳真、製作問卷等。至於雲端硬碟採用傳輸層安全標準（TLS）取代 SSL，更加確保雲端硬碟資料或文件的安全性。

> 安全插槽層協定（Secure Socket Layer, SSL）是一種 128 位元傳輸加密的安全機制，由網景公司於 1994 年提出，目的在於協助使用者在傳輸過程中保護資料安全。是目前網路上十分流行的資料安全傳輸加密協定。最近推出的傳輸層安全協定（Transport Layer Security, TLS）是由 SSL 3.0 版本為基礎改良而來，提供了比 SSL 協定更好的通訊安全性與可靠性，避免未經授權的第三方竊聽或修改，可以算是 SSL 安全機制的更新進階版。

7-1 雲端硬碟的四大亮點

使用 Google Drive 有一個很重要的原因就是具有「團隊合作」概念，因為 Google 的線上文件、簡報、表格功能可以多人即時協同編輯，達到合作的最大效率。各位想要進入雲端硬碟，由 Google 右上角的 ⊞ 鈕，下拉選擇「雲端硬碟」圖示，或是直接於瀏覽器上輸入網址：https://drive.google.com/drive/my-drive，就可以進入雲端硬碟的主畫面。

❶ 按此鈕

❷ 選取此圖示鈕

❸ 進入個人雲端硬碟的主畫面

　　申請好登入連上下列網址 https://accounts.google.com，並進入 Google 帳戶的登入畫面，輸入密碼後，按下「登入」鈕就完成登入 Google 帳戶的行為。

7-1-1　共用檔案協同合作編輯

　　雲端硬碟中的各種文件檔案或資料夾，可以邀請他人一同查看或編輯，輕鬆進行線上協同作業。

按右鍵於檔案或資料夾，再執行「共用」指令

　　如果要建立或存取 Google 文件、Google 試算表和 Google 簡報，也可以透過以下方式來建立，還可以在本地端電腦上傳檔案或資料夾到雲端硬碟上。

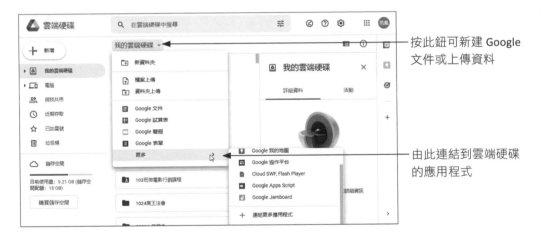

按此鈕可新建 Google 文件或上傳資料

由此連結到雲端硬碟的應用程式

　　要上傳檔案或資料夾到 Google 雲端硬碟，除了從「我的雲端硬碟」的下拉功能選單中執行「上傳檔案」或「上傳資料夾」指令外，如果你使用 Chrome 或 Firefox 瀏覽器，還可以將檔案從本地端電腦直接拖曳到 Google 雲端硬碟的資料夾或子資料夾內。

7-1-2　連結雲端硬碟應用程式（App）

　　Google 雲端硬碟可以連結到超過 100 個以上的雲端硬碟應用程式，這些實用的軟體資源，可以幫助各位豐富日常生活中許多的工作、作品或文件，要連結上這些應用程式，可於上圖中點選「我的雲端硬碟 / 更多 / 連結更多應用程式」指令，就會出現如下圖的視窗供各位將應用程式連接到雲端硬碟。

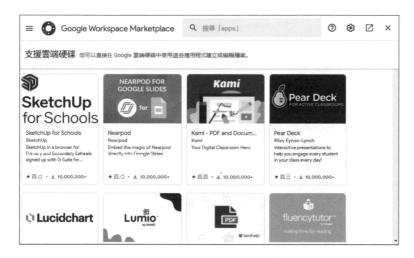

　　如果想知道目前有哪些應用程式已連結到你的雲端硬碟，可在「雲端硬碟」主畫面按下 ⚙ 鈕並下拉選擇「設定」指令，切換到「管理應用程式」標籤，即可看到已連結的應用程式。

❶按下「設定」鈕

❷下拉選擇「設定」指令

❸ 切換到「管理應
　用程式」

❹ 顯示所有連結的
　應用程式

7-1-3　利用表單進行問卷調查

除了建立文件外，Google 雲端硬碟上的 Google 表單應用程式可讓您透過簡單的線上表單進行問卷調查，並可以直接在試算表中查看結果。

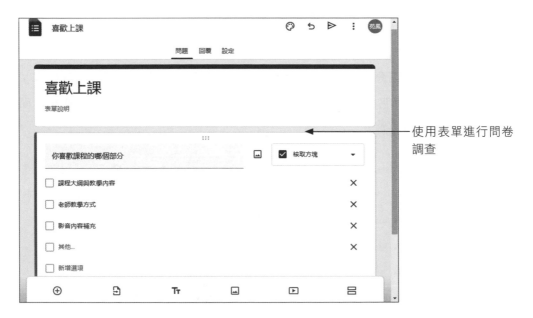

使用表單進行問卷
調查

7-1-4　整合 Gmail 郵件服務

　　雲端硬碟也能將 Gmail 郵件服務功能整合在一起，如果要將 Gmail 的附件儲存在雲端硬碟上，只要將滑鼠游標停在 Gmail 附件上，然後尋找「雲端硬碟」圖示鈕，這樣就能將各種附件儲存至更具安全性且集中管理的雲端硬碟。

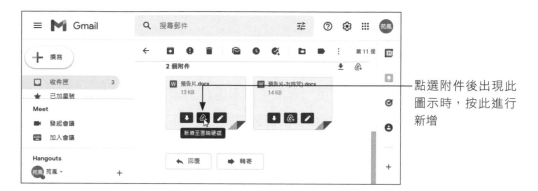

點選附件後出現此圖示時，按此進行新增

7-2　雲端硬碟管理與使用

　　雲端硬碟的空間大，可以讓用戶存放許多的檔案，如果不妥善管理，那麼硬碟就會雜亂無章且不敷使用，要找尋檔案也不容易。因此這一小節將介紹檔案的上傳、下載、開啟方式、分類管理、分享 / 共用等使用技巧，以及如何查看你的雲端硬碟的使用量。

7-2-1　查看雲端硬碟使用量

　　Google 雲端硬碟雖然提供了 15 GB 的免費空間，但是影音、相片的資料量通常都很大，而 Google 空間是由 Google 雲端硬碟、Gmail、Google 相簿三項服務所共用，如果想要進一步知道儲存空間的用量，可以在視窗左下角看到。

這裡顯示儲存空間
使用的情況

按此鈕可進行空間
的升級

　　如果你的儲存空間不夠使用，那麼可以考慮付費來取得更多的空間。按下左下角的「購買儲存空間」會在如下的視窗中顯示你目前空間的使用狀況，再下移畫面即可選購各項方案，目前基本版 100 GB 的空間每月只需付 65 元，相當便宜，而且最多可與 5 位使用者分享，方便一家人共用儲存空間。

7-2-2　上傳檔案 / 資料夾

　　不論是在學校或在外地，想將檔案上傳到雲端硬碟，只要進入個人帳戶和雲端硬碟後，就可以透過左上角的「新增」鈕或是如下方式來上傳檔案，上傳的檔案類型沒有限制。

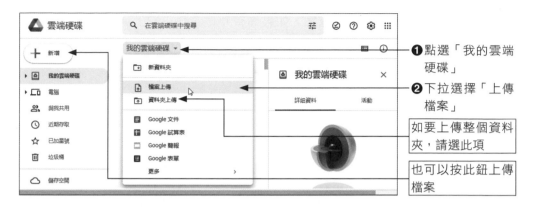

❶ 點選「我的雲端硬碟」

❷ 下拉選擇「上傳檔案」

如要上傳整個資料夾，請選此項

也可以按此鈕上傳檔案

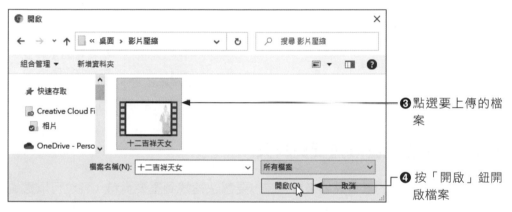

❸ 點選要上傳的檔案

❹ 按「開啟」鈕開啟檔案

❺ 顯示上傳成功

上面示範的只是上傳一個檔案，如果你有整個資料夾要上傳，則請選擇「上傳資料夾」的選項，這樣上傳後就會自動在我的雲端硬碟下方顯示資料夾名稱。如果需要直接在雲端硬碟上新增資料夾，可選擇「新資料夾」指令。

選此項會在雲端硬碟中增加資料夾

以資料夾方式上傳檔案會顯示在此，方便做管理

7-2-3 用顏色區隔重要資料夾

當雲端硬碟中的資料夾越來越多時，要想快速找到重要資料，各位可以透過顏色來加以區隔，這樣就可以凸顯資料夾的重要性。

❶ 按右鍵於選定的資料夾

❷ 執行「變更顏色」指令，再下拉選取顏色

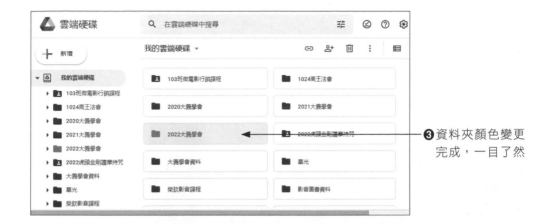

❸資料夾顏色變更
完成，一目了然

7-2-4　預覽與開啟檔案

　　存放在雲端硬碟中的檔案，如果想要預覽內容，只要按右鍵在檔案的縮圖，即可選擇「預覽」指令，而要直接開啟檔案，可按右鍵執行「選擇開啟工具」指令，再由副選單中選擇適切的應用程式，要是遇到雲端硬碟上沒有適切的軟體可開啟檔案，建議下載後再由電腦中的程式來進行開啟。

按右鍵執行「預覽」
指令可預覽內容

想要直接開啟檔案，
請選擇此指令

7-2-5　下載檔案至電腦

　　當你開啟檔案進行預覽後，如果需要下載檔案，只要在視窗右上角按下 ⬇ 鈕，檔案就會下載至使用者的「下載」資料夾中。

按此鈕下載檔案

7-2-6　刪除／救回誤刪檔案

　　對於不再使用的檔案，你可以直接按右鍵在檔案縮圖，然後執行「移除」指令來進行刪除。刪除後的檔案會保留在「垃圾桶」的資料夾中，萬一檔案誤刪，只要切換到「垃圾桶」，然後按右鍵在誤刪的檔案上，即可執行「還原」指令來還原檔案。通常垃圾桶中的項目會自動在 30 天以後永久刪除，如果因為硬碟空間不夠，想要將垃圾桶清空，可按下「清空垃圾桶」鈕，而永久刪除的檔案就無法進行復原。

按此鈕可永久刪除垃圾桶中的檔案

垃圾桶放置已刪除的檔案

誤刪的檔案可按右鍵進行「還原」

7-2-7　分享與共用雲端資料

用戶存放在雲端上的檔案，其預設值是屬於私人的檔案，但是也可以分享給其他人來瀏覽或編輯。如果是與他人共用的檔案，會在檔案後方出現 👥 的圖示。如下圖所示：

> 按此鈕可切換檔案的瀏覽模式

> 由此圖示表示檔案已共用

檔案和他人共用，可以提升團隊成員的工作效率，只要對方取得連結的網址，即可檢視或進行編輯。另外你也可以直接輸入對方的電子郵件信箱，這樣對方也能與你共用文件。

> ❶按右鍵執行「共用」指令

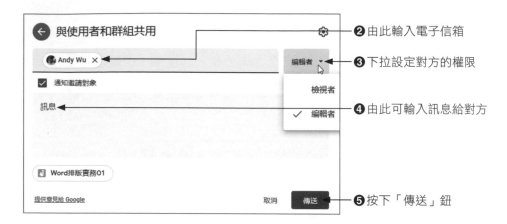

❷由此輸入電子信箱

❸下拉設定對方的權限

❹由此可輸入訊息給對方

❺按下「傳送」鈕

如果你的檔案要與很多人分享，又不知分享對象的電子郵件資訊，那麼可以按右鍵執行「取得連結」指令，進入如下視窗後，將「限制」變更為「知道連結的使用者」，複製連結網址後，按下「完成」鈕離開，只要將連結網址分享給要分享的對象就可搞定。

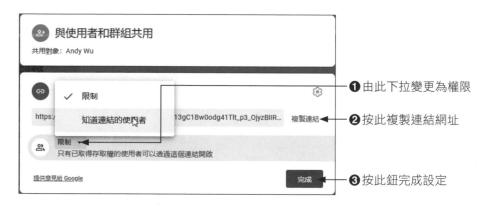

❶由此下拉變更為權限

❷按此複製連結網址

❸按此鈕完成設定

7-2-8　內建文件翻譯功能

Google 硬碟內容 Google 翻譯的功能，要使用這項功能只要在 Google 文件中執行「工具 / 翻譯文件」指令，即可快速翻譯成指定的語言，例如我們可以將英文文件翻譯成繁體中文，如果翻譯的結果不是很通順，各位還可以立即修改文字內容。

開啟 Google 文件並執行「工具 / 翻譯文件」指令

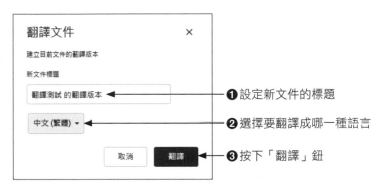

❶ 設定新文件的標題

❷ 選擇要翻譯成哪一種語言

❸ 按下「翻譯」鈕

文件馬上翻譯成指定的語言

7-2-9　辨識聲音轉成文字

工作中有時會需要將口語的介紹聲音轉成文字檔，再配合影片剪輯的功能作為影片的字幕之用。如果希望將聲音轉文字的功能，可以藉助 Google 文件的

「工具 / 語音輸入」指令,並且點選畫面上的麥克風圖示,這種情況下只要是由麥克風所收錄的聲音都會轉成文字,而且 Google 文件這項語音輸入功能其正確率還算不錯,可以大幅節省許多文字的輸入工作。

❷ 點選畫面上的麥克風圖示

❶ 執行「工具 / 語音輸入」指令

只要確認電腦的麥克風是打開並且允許 Google 文件中使用的,就可以將所收入的聲音馬上轉成文字

7-2-10 增加雲端硬碟容量

如果想增加 Google 雲端硬碟容量不妨先將雲端硬碟垃圾桶進行清理的動作,當清空雲端硬碟垃圾桶,就可以釋放許多雲端硬碟容量。在預設的情況下,垃圾桶中的項目會在 30 天後永久刪除,也就是說您刪除檔案只在垃圾桶保留 30 天,之後會永久刪除。要清空雲端硬碟垃圾桶的作法,可以參考下列作法,首先請登入您的 Google Drive 帳戶,進入雲端硬碟後,其它步驟如下:

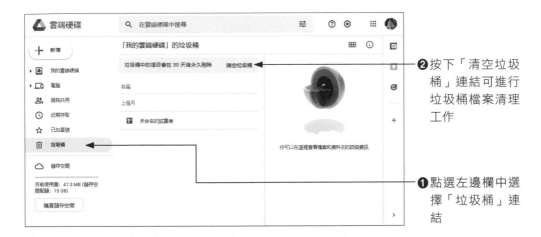

❷按下「清空垃圾桶」連結可進行垃圾桶檔案清理工作

❶點選左邊欄中選擇「垃圾桶」連結

會再次出現確認視窗，提醒您是否需要永久刪除垃圾桶的所有檔案，點擊「永久刪除」鈕就會將垃圾桶內的檔案清空永久刪除

7-2-11　合併多個 PDF 檔

　　PDF 格式有許多優點，例如具有跨平台、格式固定等優點，不過我們不容易將 PDF 文件合併或進行編輯。如果您的雲端硬碟有多個 PDF 文件想會進行合併，這種情況下就可以藉助「PDF Mergy」網站，它可以允許各位線上合併雲端硬碟的 PDF 文件成一個完整的 PDF 文件檔案。在該網站中，各位可以直接由電腦或 Google 雲端硬碟上傳要合併的 PDF 文件。

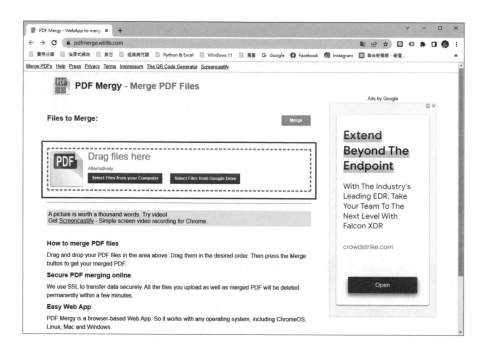

翻轉學習的
Google Meet 視訊會議

21 世紀知識經濟發展的關鍵在於高素質的專業人才培育，數位學習超越時空的訓練方式，儼然成為教育訓練的新趨勢。基本上，數位學習（e-Learning）可以視為是正式的教育學習課程，就是指在網際網路上建立一個方便的學習環境，讓使用者連上網路就可以學習到所需的知識，是一種結合傳統教室與數位教材的新興學習模式，可以讓學習者學習更方便、自主化的安排學習課程。

數位學習改變了傳統教室學生與老師面對面的模式

在網路世界中，Google 雲端平台所提供的數位學習資源算是最新進與完備，除了簡報、文件、試算表等各類型的辦公軟體外，更包括搜尋、電子郵件、雲端硬碟、日曆、雲端教室、視訊會議、表單等，每一項工具都可以有效率地幫助大家完成各種工作。特別是 2021 年 COVID-19 疫情爆發之下，遠距教學成為常態，Google Meet 迅速成為老師和學生之間的上課橋梁，老師們除了要快速熟悉電腦的軟硬體設備外，還要兼顧學生的學習反應。

8-1 Google Meet 視訊會議簡介

Google Meet 是疫情期間是目前學校使用率最高的遠距教學工具，因為只要擁有 Google 帳號，就能夠免費使用 Google 雲端平台的所有應用軟體，當然也包含了視訊會議軟體 Google Meet，除了手機裝置必須下載「Meet」APP 外，師生們無需再下載任何的程式。Meet 功能簡單且易操作，老師開視訊會議教課，學生輸入會議代碼上線學習，只要有攝影機和麥克風，老師就可以在家開始授課，遠端的學生也可以聆聽到老師的講解。

為了上課教學的方便，老師最好要有兩個 Gmail 帳號可以使用，一個帳號是用來發起視訊會議與學生互動的帳號，另一個帳號則是以學生的身分進入會議之中，如此老師才可以確認自己分享的畫面是否能正確無誤的顯示在學生面前。

主要設備：老師授課時用以分享畫面和與學生溝通交流的電腦

次要設備：替代學生身分參加會議，讓老師得知學生所看到的畫面

一般筆記型電腦都有包含 Webcam 攝影機，所以在啟用 Google Meet 應用程式時，筆記型電腦就會自動抓取設備，如果是使用桌上型電腦，可以購買網路 HD 高畫質的攝影機，這種外接式的攝影機可夾掛在螢幕上，也可以置於桌面上，提供 360 度可旋轉的鏡頭，能手動聚焦調整，內建麥克風，還有 LED 燈可控制光度的大小，或做即時快拍，透過 USB 的傳輸線就能與電腦連接，價格也相當便宜。Google Meet 有免費版和付費版兩種，使用免費版的人如果要發起或加入會議，必須先登入 Google 帳號才能使用，如果沒有帳號也可以免費註冊申請。

8-1-1 登入 Google Meet

各位要啟動 Google Meet 的應用程式，請開啟 Google 首頁，按下右上角的「Google 應用程式」▦ 鈕，即可在選單中點選「Meet」應用程式。

❶ 按此鈕

❷ 點選「Meet」應用程式

❸ 顯示 Google Meet 首頁畫面

老師按此鈕發起會議

學生可由此輸入會議代碼進入會議

8-1-2　檢查視訊 / 音訊功能

進入 Google Meet 首頁畫面，會議主持人只要按下藍色的「發起會議」鈕就可以選擇會議建立的方式。不過在建立會議之前，你最好先檢查一下視訊與音訊功能是否正常。請按下 Google Meet 首頁右上角的「設定」⚙ 鈕，使顯現如下的「設定」視窗：

❏ 音訊

對著麥克風說話，會變成 🔊 圖示，表示麥克風正常

按「測試」可聆聽音量是否適宜

❏ 視訊

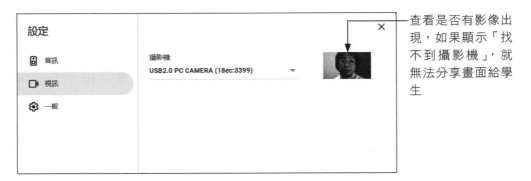

查看是否有影像出現，如果顯示「找不到攝影機」，就無法分享畫面給學生

由「設定」⚙ 鈕確認你的硬體裝備運作正常，且麥克風和音量大小合宜，就可以準備發起會議。

8-1-3　Google Meet 會議發起方式

在 Google Meet 首頁按下 [發起會議] 鈕，會看到 Meet 提供的會議發起方式有如下三種方式：

🔗	預先建立會議
＋	發起即時會議
🗓	在 Google 日曆中安排會議

❑　預先建立會議

例如明天早上才要上課，不是現在要上的課，就可以選擇「預先建立會議」的選項，它會自動產生一個會議連結，只要把這個會議連結傳送給學生或是你邀請的對象，如此一來，等於是預先登記教室並拿到鑰匙，只要明天要上課時前在 Google Meet 輸入此會議連結，就可以加入會議。

按此鈕複製會議參加資訊給參加者

發起會議者就如同是這個會議的擁有者，所以在會議尚未開始之前，擁有者必須提早進入會議，否則你的學生即使知道會議的連結也無法進入會議，就如同他們沒有鑰匙被關在門外一樣，所以建立會議室的人必須預先提早 10 至 15 分鐘之前進入教室才行。

❑　發起即時會議

如果想要現在就發起會議，可以選擇「發起即時會議」的選項，它會提供一個會議連結讓你分享給需要參加會議的人，所以按下 🗐 鈕複製會議連結後，可以將這個連結轉貼到 LINE 之類的通訊軟體中。透過這樣的方式，使用者必須獲

得你的准許才可使用這個會議連結來加入，你可以按下藍色的「新增其他人」鈕
來新增成員。

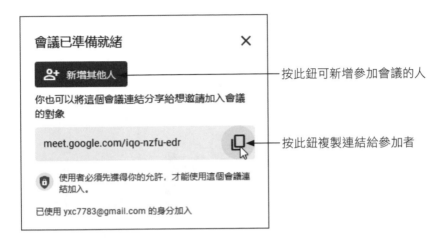

按此鈕可新增參加會議的人

按此鈕複製連結給參加者

❏ 在 Google 日曆中安排會議

選擇「在 Google 日曆中安排會議」的選項，就會進入日曆視窗進行活動詳
細資料的填寫。透過日曆安排會議事實上好處還蠻多的，等一下我們會跟各位詳
細做說明。

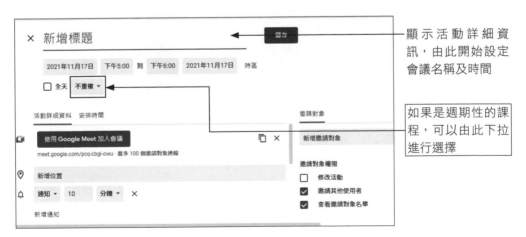

顯示活動詳細資
訊，由此開始設定
會議名稱及時間

如果是週期性的課
程，可以由此下拉
進行選擇

8-1-4 Google Meet 操作環境

各位對於會議發起的三種方式有所了解後，這裡先簡要解説一下 Google Meet 的操作環境，讓各位有個基本的了解。請按下藍色的「發起會議」鈕，我們從「發起即時會議」來做説明。

❶ 按下藍色的「發起會議」鈕，先選擇「發起即時會議」指令

❷ 顯示 Google Meet 的操作介面

目前顯示攝影機開啟的狀態

上圖視窗顯示會議主持的視訊畫面，如果關閉攝影機功能，將會以你 Google 帳號的圖示鈕顯示，如下圖所示。

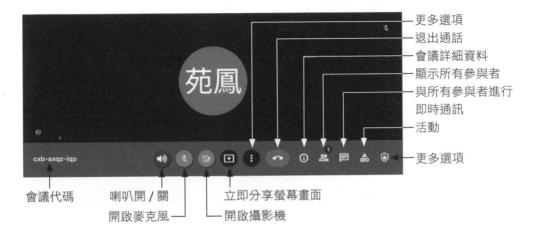

在進行會議時，喇叭 🔊、麥克風 🎤、攝影機 📷 功能需要開啟，使呈現綠色按鈕狀態，這樣才能將分享的畫面或解說的音訊傳送給學生。左下角顯示的是這次會議的代碼，學生只要在 Google Meet 首頁輸入此會議代碼就能進入會議之中。會議有多少人參加，可以在 👥 圖示鈕上看到數字，目前數字「1」表示只有會議主持人 1 人而已。各按鈕所代表的意義大致如上所示，各位只需概略知曉即可，之後章節會詳加說明。

8-1-5 複製與分享會議詳細資料

在發起 Google Meet 會議後，必須複製和分享會議的連結網址或代碼給參與會議的人，這樣他們才可以透過連結網址或是輸入會議代碼進入到會議當中。如果在發起會議前你忘了複製會議連結給參加者，也可以進入會議後，透過「會議詳細資料」ⓘ 鈕來複製會議參加資訊。

❷ 按此文字複製連結，再貼入社群之中

❶ 按下「會議詳細資料」鈕

8-1-6　與會者加入會議

當與會者有收到會議的代碼，可以在「輸入會議代碼或連結」的欄位中輸入代碼，按下後方的「加入」鈕進入後，只要檢查好個人的音訊及視訊功能，就可以按下「要求加入」鈕請求會議主持人的許可，會議主持人一旦接收到訊息，按下「接受」鈕就可以讓你進入到會議之中。

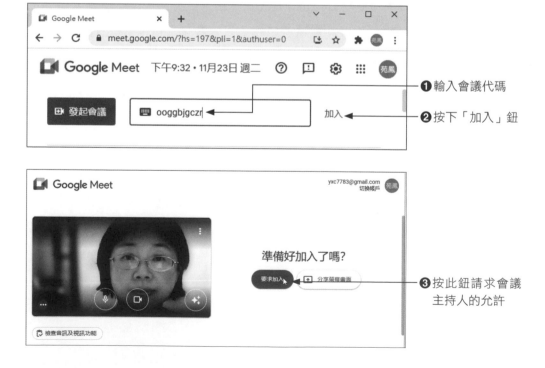

❶ 輸入會議代碼

❷ 按下「加入」鈕

❸ 按此鈕請求會議主持人的允許

8-1-7　查看主辦人控制項

在前面的特點裡我們提到，Google Meet 擁有強大的主持人控制台，可讓主辦人控制分享的螢幕、傳送訊息、麥克風、開啟鏡頭，也可以將特定人從會議中剔除。要查看主持人控制項，請從右下角按下 🛡 鈕。

❷點選「查看所有主辦人設定」的選項

❶按下「主辦人控制項」鈕

❸預設都是開啟狀態，可針對想要關閉的項目按一下按鈕，使功能關閉即可

8-1-8 結束會議

會議主持人如果要結束這場會議，可直接按下「退出通話」📞 鈕，在顯示的對話方塊中選擇「結束通話」，即可為所有人結束這場視訊通話。

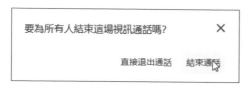

8-2 從 Google 日曆新增會議

在 Google 雲端平台上，除了直接點選「Meet」📹 鈕來啟動視訊會議外，也可以從 Google 日曆來安排 Google Meet 會議。

8-2-1 從日曆新增會議好處多

從 Google 日曆開啟視訊會議有許多的好處：

- 日曆可以很明確的設定日期和時間，對於一整學期的課程，老師可以預先設定好明確的開始和結束時間或是設定上課的週期性，並預先將連結的網址提供給學生，如此一來就不用每次上課都要預先提供會議代碼給學生，讓學生一整學期都使用固定會議代碼，避免上課前因工作繁多而影響到接下來的教學。

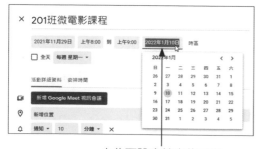

由此可設定結束的日期

由此下拉可設定週期性

- 日曆可設定提醒的時間，讓你知道等一下有會議，你就可以很從容的準備待會要會議的內容。

- 如果已經事前收集好所有學生的 Gmail，可將所有學生的 Gmail 輸入，之後 Google 就會傳送電子郵件給你的學生，讓學生知道老師在何時邀請學生進入會議，所以不用再將會議的代碼傳送至學生的 LINE 群組。

- 只有日曆邀請中所列出的使用者可直接加入會議，不必另外提出要求。

- 透過日曆發起視訊會議，除了可以順便邀請與會者外，還可以插入 Google 雲端硬碟上的檔案共享給參與會議的人，像是簡報檔或文件檔等，可提供與會者事前了解會議內容。

- 在 Google Meet 視訊會議中，可以快速瀏覽在 Google 日曆中共享的檔案清單，並在視訊會議中快速開啟。

8-2-2　在 Google 日曆中安排會議

　　例如老師也可以在「日曆」的應用程式中點選要上課的時間，即可顯示視窗讓你輸入會議標題，同時一併設定提醒鈴、通知與會學生、並提供課程資訊給學生預先瀏覽。設定技巧如下：

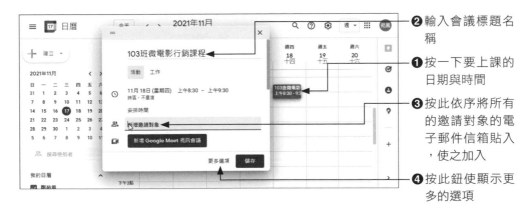

❷ 輸入會議標題名稱

❶ 按一下要上課的日期與時間

❸ 按此依序將所有的邀請對象的電子郵件信箱貼入，使之加入

❹ 按此鈕使顯示更多的選項

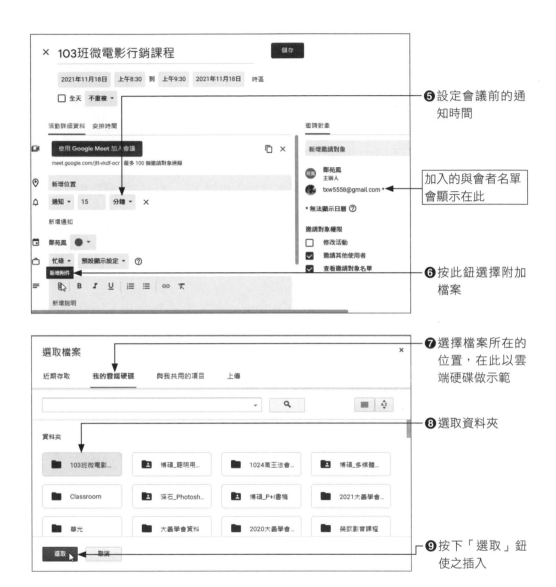

❺ 設定會議前的通知時間

加入的與會者名單會顯示在此

❻ 按此鈕選擇附加檔案

❼ 選擇檔案所在的位置，在此以雲端硬碟做示範

❽ 選取資料夾

❾ 按下「選取」鈕使之插入

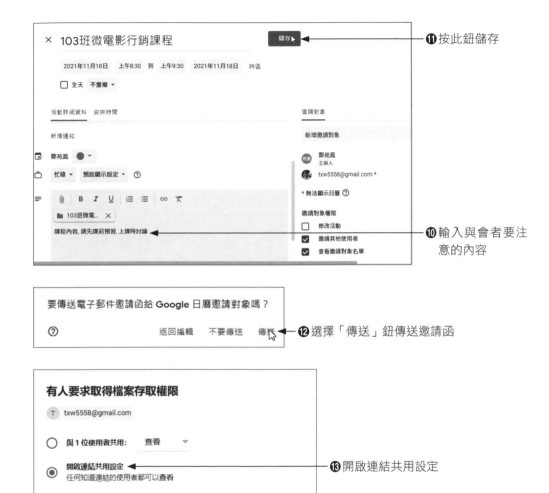

⑪ 按此鈕儲存

⑩ 輸入與會者要注意的內容

要傳送電子郵件邀請函給 Google 日曆邀請對象嗎？

⑦　　　　　返回編輯　不要傳送　傳送 ←**⑫** 選擇「傳送」鈕傳送邀請函

有人要求取得檔案存取權限

Ｔ　txw5558@gmail.com

○ 與 1 位使用者共用：　查看 ▾

● 開啟連結共用設定 ←**⑬** 開啟連結共用設定
　 任何知道連結的使用者都可以查看

☐ 不要授權　　　　　　　　取消　邀請 ←**⑭** 按下「邀請」鈕

　　透過這樣的方式，你所寄出的邀請函就會被你的邀請對象給收到，他們也可以回覆是否參加此會議，主辦者也可以輕鬆掌握會議參與的情況。

被邀請者可回覆是
否參與會議

被邀請者按此連結
即可快速登入會
議，不需要再經過
會議主持人的許可

8-2-3　進入 Google Meet 會議

當會議的時間快開始時，會議主持人會收到提醒的通知，你可以在 Google
日曆點選一下活動，就會出現所安排的活動標題，按下藍色的「使用 Google
Meet 加入會議鈕」鈕即可進入 Google Meet。

❶ 由日曆點選已安
　排的活動

❷ 按此鈕進入 Google Meet 會議

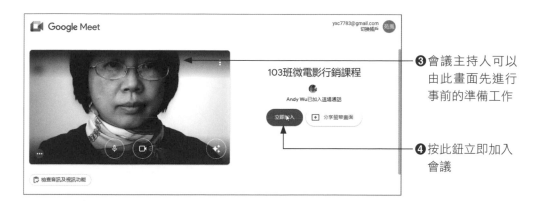

❸ 會議主持人可以由此畫面先進行事前的準備工作

❹ 按此鈕立即加入會議

會議開始後，如果有與會者進入會議，你就可以在畫面上看到你和與會者的視訊畫面或大頭貼圖示了！

8-2-4　迅速開啟會議資料

當你在建立會議資料時有一併附加檔案，那麼在會議進行時可以快速從日曆的附加檔案處開啟檔案，如圖示：

❶由此點選附加的檔案

❷顯示所附加的檔案,可快速開啟檔案

　　要注意的是,如果老師製作的簡報是 Microsoft PowerPoint 簡報檔,而非 Google 簡報,可能在播放時無法顯示部分的 PowerPoint 功能,畢竟 PowerPoint 功能比 Google 簡報功能還是有些差異,所以各位老師不妨從你的電腦桌面先開啟 PowerPoint 簡報後再進行螢幕分享畫面。

8-3　Google Meet 會議操作技巧

　　在前面的小節中，各位已經知道如何從 Google Meet、Google 日曆、Gmail 來加入 Google Meet 視訊會議，這個小節則要說明 Meet 視訊會議的操作技巧，讓各位輕鬆掌握硬軟體設備。這裡我們從日曆中已建立的活動來開啟視訊會議。

❶ 點選已建立的會議

❷ 按此鈕使用 Google Meet 加入會議

8-3-1　事前準備工作 - 音訊 / 視訊 / 效果設定與檢查

　　當我們在上圖中按下藍色的「使用 Google Meet 加入會議」鈕後將看到如下圖的畫面，建議會議主持人先檢查一下自己電腦上的音訊及視訊功能是否正常運作，同時選定你要使用的背景效果。

❏　檢查音訊和視訊

❶ 按此檢查音訊及視訊功能

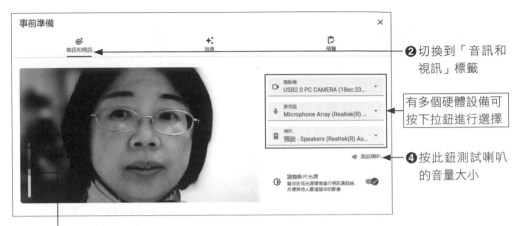

❷ 切換到「音訊和視訊」標籤

有多個硬體設備可按下拉鈕進行選擇

❹ 按此鈕測試喇叭的音量大小

❸ 對著麥克風講話，看看聲音是否保持在綠色的範圍內

　　各位可以看到左側有個黃綠的線條，這是顯示音量的大小，如果你的講話聲音和喇叭的音量都維持在綠色的範圍，代表你的音量足夠讓參與會議的人聽清楚，如果大都維持在黃色的區域，就表示你的音量不足，必須靠近麥克風或加大喇叭的聲音。原則上喇叭和麥克風要選擇相同的裝置，避免產生回音的效果，使聲音聽不清楚。

❑ 背景效果設定

　　在家利用遠距方式進行上課或會議，如果周遭環境太過雜亂，或是因為環境緣故，怕家人從身後不斷亂入鏡頭，可以利用「效果」標籤來選擇喜歡的背景，這樣家庭隱私才不會被偷窺，也不會影響到會議的進行。

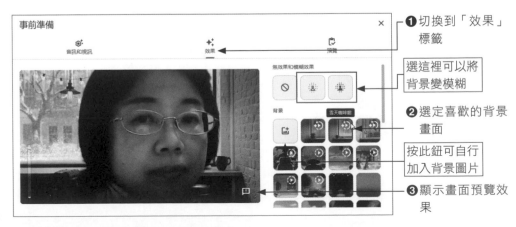

❶ 切換到「效果」標籤

選這裡可以將背景變模糊

❷ 選定喜歡的背景畫面

按此鈕可自行加入背景圖片

❸ 顯示畫面預覽效果

對於背景的圖片，會議主持人可以透過「上傳背景圖案」  鈕來上傳具有宣傳效果的背景圖片，不過在上傳圖片之前，必須先將圖片做「水平翻轉」的動作，這跟手機自拍的原理一樣，因為它會產生鏡射的效果，所以必須做翻轉的動作，這樣才能讓圖片中的文字顯示正常，如下圖所示。

正常圖片

水平翻轉後的圖片

經過水平翻轉後，就能在視訊的預視窗中看到正常的文字了！

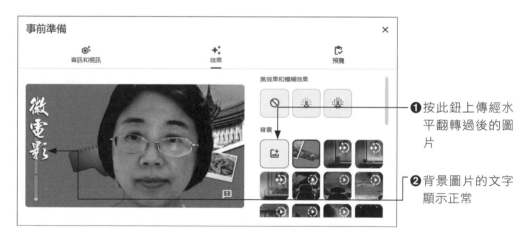

❶按此鈕上傳經水平翻轉過後的圖片

❷背景圖片的文字顯示正常

❑ 測試並診斷視訊效果

設定好你要的背景畫面、喇叭及麥克風的音量後，你可以透過「預覽」標籤的「測試並診斷」功能，來了解其他與會者所看到聽到和看到的畫面與聲音效果。

❶按下「測試並診斷」鈕

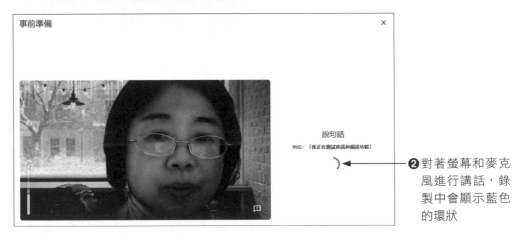

❷對著螢幕和麥克風進行講話，錄製中會顯示藍色的環狀

❺確認後按此鈕關閉視窗

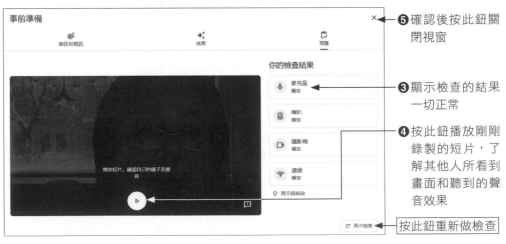

❸顯示檢查的結果一切正常

❹按此鈕播放剛剛錄製的短片，了解其他人所看到畫面和聽到的聲音效果

按此鈕重新做檢查

8-3-2　接受與會者加入會議

　　會議主持人檢測完硬體設備和視訊效果後，在 Google Meet 首頁右側按下 立即加入 鈕即可進入會議，如果有人想要加入會議，會議主持人就會看到如下的對話方塊，只要經過你的認可，按下「接受」鈕就能讓對方進入會議之中。

8-3-3　顯示所有參與者

　　在視窗右下角按下「顯示所有參與者」 鈕，將顯示「參與者」的視窗，你可以看到會議主辦人和你的會議參與者的名單，而圖示鈕上方會顯示數字，表示參與會議的人數，所以透過數字可以知道這個會議是否有學生沒來上課。

顯示目前會議中有兩個人

8-3-4 將自己固定在主畫面上

會議進行中如果希望自己的視窗畫面能夠一直固定在主畫面裡不要跳離，特別是人數較多時，不希望自己的視窗被學生給淹沒時，可以按下 📌 鈕來進行固定，如此一來，即使是分享畫面，你自己的畫面也會一直保留在主畫面上。

❷ 顯示畫面釘住的狀態

8-3-5 與所有參與者進行即時通訊

在視窗右下角按下「與所有參與者進行即時通訊」📧 鈕，將會開啟「通話中的訊息」視窗，這是老師和學生溝通的最佳橋樑，老師可以在這個聊天室裡與所有的學生對話，課程進行中如果學生有疑問，也可以透過此管道告知老師。

❷ 老師由此留言　　❶ 按此鈕，使顯現「通　　❸ 按此鈕傳送訊息　　學生回覆的內容，
　　　　　　　　　　話中的訊息」視窗　　　　給所有學生知道　　老師都在此看到

　　當老師上課到一個階段時，想要知道學生是否理解課程的內容，就可以在此請學生輸入「OK」等字眼讓老師知道，或是老師在講課時，學生無法打開麥克風，也可以透過這個聊天室來發問問題，所以建議老師在上課時最好將聊天室開啟，你就可以隨時知道學生有那些問題，並立即給予回應。

8-4　畫面分享功能

　　接下來這個章節則是針對畫面分享功能來進行探討，螢幕畫面的分享可在主持人加入會議前或加入會議後，這些我們都會在這個章節做說明，期望透過正確的畫面分享方式，例如將老師們日常的教學清楚地顯示在遠端學生的面前，像是圖片、影片、PPT 簡報檔、網頁畫面等等，選擇對的分享方式才能即時且完整的將畫面傳送到學生的面前。

首先我們以老師加入「會議後」的螢幕畫面分享做說明，要將你的畫面分享給其他人，可在視窗下方按下「立即分享螢幕畫面」 ⬛ 鈕，你會看到如下圖中的三個選項。

當你想要分享直播的畫面，或是你在教授應用軟體、程式或平台的操作技巧，可以選擇「你的整個畫面」的選項，那麼你所做的任何動作，或是按了哪個按鈕，整個演示的過程就可以被參與會議的人看到。

雖然分享「你的整個畫面」的選項看似很方便，但也意味著你的所有操作過程也會讓學生知道，包含你在開啟檔案、找尋檔案、開錯程式等等，如果你的電腦中放有個人隱私的資料，也變相的洩漏出去，所以老師只是要播放簡報或放置圖片給學生看，建議不用使用這個選項。

另外，選擇分享你的整個畫面時，如果要讓與會者清楚看到分享的畫面，勢必要將畫面放大，此時老師就無法看到學生的狀態，也無法讀取學生給老師的訊息，自然就無法順利掌控整個上課的情形。

8-4-1 立即分享整個畫面

當你按下「立即分享螢幕畫面」 ⬛ 鈕，並選擇「你的整個畫面」時，你會在 Google Meet 上方先看到如下的畫面，點選畫面後再按下「分享」鈕就會分享整個螢幕。

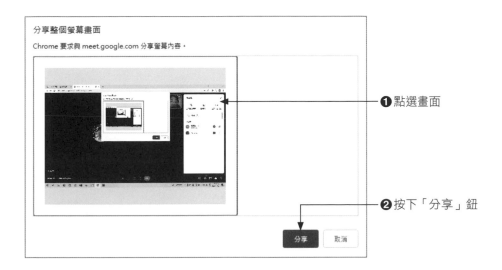

❶點選畫面

❷按下「分享」鈕

❸Google Meet 顯示的共用畫面會出現無限鏡室效應

❹再由工作列選擇你要操作的應用軟體，即可開始進行軟體的操作，操作畫面就會正常

　　各位可以看到，在分享你的整個畫面時，Google Meet 會出現如上圖所示的無限鏡室效應，也會顯示白色文字的警告訊息，你可以按下「略過」鈕，因為之後在操作軟體的教學過程就會顯示正常。不過建議各位盡可能選用「單個視窗」或「分頁」的選項較為合適。

8-4-2 停止共用

當你完成軟體的操作過程後，只要在視窗下方按下「停止共用」鈕，就可以關閉你所分享的畫面。

8-5 會議中分享單個視窗

所謂「單個視窗」就是你只分享你現在開啟的其中一個視窗，也就是說，共享單一視窗時，視窗畫面必須在目前桌面上，並且是打開視窗的狀態，不能縮小視窗。

當你選擇「單個視窗」時，會在螢幕上出現「分享應用程式視窗」的畫面，直接點選你要分享的應用程式即可。

8-5-1 立即分享單個視窗

請開啟 PPT 簡報檔後，切換回 Google Meet 視窗，按下「立即分享螢幕畫面」◉ 鈕，選擇「單個視窗」指令。

❶ 點選要分享的應用程式

❷ 按下「分享」鈕開始分享

8-5-2　會議主持人和與會者視窗畫面說明

當會議主持人將簡報畫面分享出去後，與會的學生就會看到完整的簡報畫面，如下圖所示：

學生看到完整的簡報視窗畫面

在會議主持人的電腦螢幕上，各位可以看到簡報視窗是可以調整大小或移動位置，這並不會影響到與會學生所看到的畫面。會議主持人可以將 Google Meet 的視窗調至另一側，所以會議主持人可以監控學生的畫面，也可以與學生進行即時的通訊，這樣的方式可以讓會議主持人輕鬆掌控上課的節奏。

簡報視窗可以調整大小或移動位置

由此 Google Meet 視窗可以查看學生狀態或觀看學生的留言訊息

當你分享「單個視窗」時，分享的畫面是固定在主畫面中，如果覺得占空間，也可以取消固定，請在 Google Meet 視窗的簡報上按下 ![pin] 鈕即可取消。

按此鈕取消在主畫面上固定

8-5-3　分享 PowerPoint 簡報放映技巧

PowerPoint 簡報是一般老師準備教材最常使用到的應用程式，在進行簡報時，大家都習慣按下底端的「投影片放映」 ![icon] 鈕，然後以全螢幕的方式來進行簡報的解說，然而以全螢幕播放時，會議主持人就無法看到學生的畫面或是與學生互動。

簡報不以全螢幕放映，會讓學生看到左側的投影片縮圖

「閱讀檢視」模式

按此鈕以全螢幕放映，老師無法看到學生狀況或與學生互動

如果你有這樣的困擾，不妨選擇「閱讀檢視」▤模式，點選之後會顯示如下的視窗，你可以自行調整視窗的比例大小，而學生也可以看到完整的簡報畫面。另外，按下▤鈕還可以選擇「拉近顯示」的功能，再選擇想要放大顯示的區域。

❷ 選擇「拉近顯示」

❶ 按此鈕

上一張　　下一張

❸ 出現方塊區，移到想要放大的區域按下左鍵，就可放大該區域，按滑鼠右鍵即可回復正常顯示

要注意的是，簡報中如果有加入背景音樂，在被播放時只有會議主持人聽得到，與會者是聽不到聲音，因此有影片動畫或音效的簡報，最好是上傳到雲端硬碟後再進行「分頁」的分享方式比較妥當。

8-6 會議中以「分頁」分享畫面

在分享螢幕畫面時，如果分享的內容是影片或動畫，那麼最適合選擇「分頁」的分享方式，這也是 Google Meet 所推薦的分享方式。但是「分頁」功能所提供的影片分享必須是具有網址的影音動畫，像是 YouTube 等社群平台上的影片，或是雲端硬碟中的影片、簡報、文件皆可，否則在「分享 Chrome 分頁」的視窗中就找不到你要分享的內容喔！

8-6-1 使用「分頁」分享 YouTube 影片

想要分享 YouTube 平台上的影片，請先將影片開啟，再由 ⬚ 鈕下拉選擇「分頁」指令。

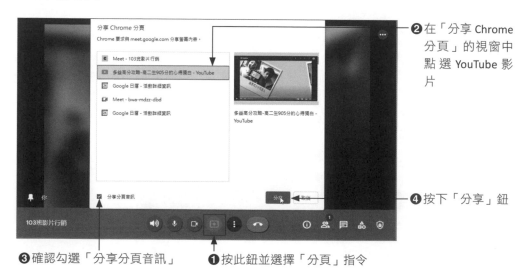

❷在「分享 Chrome 分頁」的視窗中點選 YouTube 影片

❹按下「分享」鈕

❸確認勾選「分享分頁音訊」　　❶按此鈕並選擇「分頁」指令

　　分享之後，老師以視窗方式播放 YouTube 影片給學生看，同時也可以透過 Google Meet 觀看到學生上課的情形，學生也可以同步看到影片和聽到影片聲音。

按此鈕可以將影片視窗最小化

會議主持人的螢幕畫面

與會者的螢幕畫面

　　另外，會議主持人即使將 YouTube 影片視窗按下右上角的「最小化」 ─ 鈕，也不會影響到學生觀看影片。只要影片播放完後按下「停止共用」鈕即可關閉分享。

YouTube 影片最小化後，可按此鈕停止影片分享

8-6-2　使用「單個視窗」分享電腦的影片

如果你要分享的影片是存放在電腦當中，這時候就無法使用「分頁」的方式進行分享，你可以選用「單個視窗」的分享方式，不過這種方式要冒一些風險，因為有時候會發生與會的成員只能看到影片沒有辦法聽到聲音的窘境，且聲音出現時的品質會比較差些。

8-6-3　分享 Google 文件

使用 Google Meet 進行教學時，老師們也可以善用 Google 文件來替代黑板的板書。由於學員都是透過電腦螢幕來了解老師所要傳達的課程內容，所以文件內容盡可能以標題或關鍵字來說明，其餘的細節再透過老師來講解，每個板書之間多留幾個空白段落，這樣可以讓每個介紹的主題更清晰，老師在講解時就可以利用滑鼠中間的滾輪來控制前 / 後主題的顯示。

使用「標題」樣式設定重點

加入檢查清單

每個板書之間多留幾個空白段落

要將 Google 文件分享給與會者，其步驟如下：

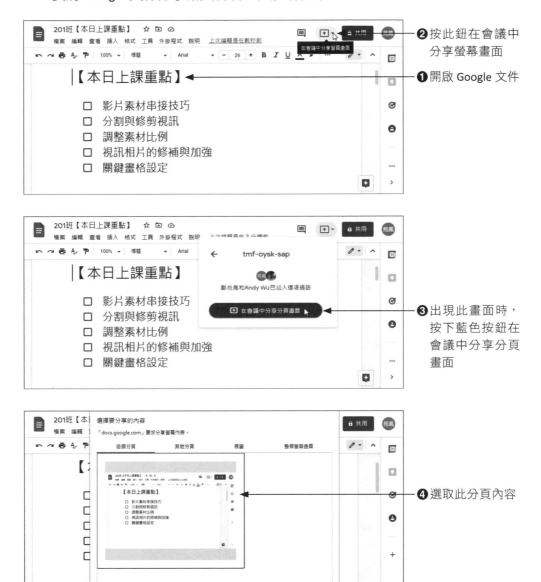

❷ 按此鈕在會議中
分享螢幕畫面

❶ 開啟 Google 文件

❸ 出現此畫面時，
按下藍色按鈕在
會議中分享分頁
畫面

❹ 選取此分頁內容

❺ 按下「分享」鈕

畫面分享出去後，會議主持人可以在螢幕中同時看到 Google 文件視窗，以及分享給學生後的文件畫面效果。當主持人拖曳 Google 文件視窗的比例大小時，與會者所看到的文字也會因此而變大變小。

由 Google Meet 也可以看出與會者所看到畫面效果

主持人可以拖曳 Google 文件視窗的比例，讓與會者看到的字較大些

在 Google 文件中執行「查看 / 全螢幕」指令，可以將文件上方的標題、功能表、工具列等隱藏起來，讓學生的注意力更集中，而按下「Esc」鍵即可跳離全螢幕的效果。

執行「查看／全螢幕」指令後，所顯示的畫面效果

　　另外，在製作 Google 文件時，條列清單前面如果加入工具列的「檢查清單」✔≣ 鈕，會在條列的清單前面加入如上圖的方框，按點一下方框會顯示勾選與刪除文字的效果，這樣可以讓學生清楚知道那些課程已完成。

　　由於同一份文件中，每個板書主題之間都以數個空白段落隔開，所以主持人在講解一個主題之後，只要使用滑鼠中間的滾輪就可切換到下一個主題。

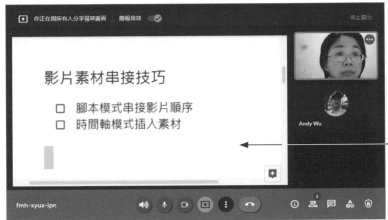

會議中以滑鼠滾輪切換 Google 文件的前／後頁主題

CHAPTER

09

Google 文書處理
實用密技

　　Google 公司所提出的雲端 Office 軟體概念，稱為 Google 文件（Google docs），可以讓使用者以免費的方式，透過瀏覽器來編輯文件、試算表及簡報。我們將檔案儲存在雲端上還有另外一個好處，那就是你能從任何設有網路連線和標準瀏覽器的電腦，隨時隨地變更和存取文件，也可以邀請其他人一起共同編輯內容，相當便利。

　　所謂的「文件」，通常是指公文書信或是有關政策理論的文章，在現今網路流行的時代，文件指的就是利用文書處理軟體所製作的文件檔。「文件」幾乎是各行各業、各公司行號所必備的一項資產，尤其是電腦從業人員或公務人員，絕大多數的時間都是在進行文件的作業處理。各位或許還在使用 Microsoft Word 的付費版本；現在建議您不妨使用 Google 文件。因為 Google 提供了免費的文件處理軟體，只要你能連上 Google 網站，就可以開始編輯文件，不管是格式的設定、圖片的加入、表格的處理，還可以跟 Gmail、Google 試算表和 Google 簡報等

應用程式完美集成使用，更能多位使用者同時編輯同一份文件，因此愈來愈多人選擇用 Google 文件來處理一般文書作業工作。

求職履歷表設計樣本

9-1　Google 文件基礎操作

當各位開啟 Google Chrome 瀏覽器後，由視窗右上角按下「Google 應用程式」﹔﹔﹔鈕，就可以看到「文件」的圖示，點選該圖示即可啟動該應用程式。

❶ 按此鈕

❷ 點選「文件」圖示鈕

按此鈕會顯示主選單，可切換到試算表、簡報或表單

❸ 按此鈕建立新文件

9-1-1　建立 Google 新文件

在「文件」首頁畫面中，各位可以在右下角按下 ⊕ 鈕，就會進入「未命名文件」，如果視窗中已有編輯的文件，想要重新建立一個新文件，可從「檔案」功能表下拉選擇「新文件」指令，再從副選項中選擇文件、試算表、簡報、表單、繪圖。

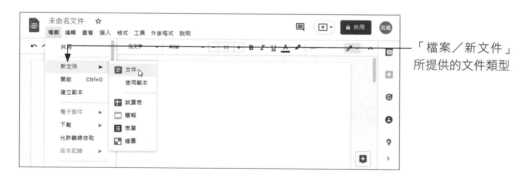

「檔案／新文件」所提供的文件類型

9-1-2　介面基礎操作

預設的文件並未命名，為了方便管理檔案，可在左上角按下「未命名文件」，這樣就可以重新命名，命名後你所執行的任何動作指令就會被儲存下來。文件的操作介面很簡潔，除了檔案名稱、功能表列、工具列外，下方便是各位編輯文件的地方。

按此鈕返回文件首頁

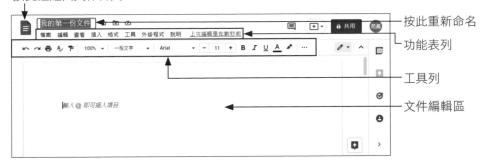

按此重新命名
功能表列
工具列
文件編輯區

9-1-3　善用「語音輸入」工具編撰教材

　　例如對於平常少用電腦的學校老師來說，要將課程內容數位化是件苦差事，因為鍵盤的不熟練，光是打字可能就要耗費許多的精力，如果老師會使用「文件」中的「語音輸入」工具，就可以省下許多打字的功夫。很多筆記型電腦都有內建麥克風的功能，如果是桌上型電腦，必須先將麥克風與電腦連接，然後執行「工具 / 語音輸入」指令開啟麥克風功能，按下麥克風按鈕，Google 文件就會自動把各位說的話顯示在文件當中。

❷ 按下此鈕開始說話

❶ 執行「工具／語音輸入」指令開啟左側的麥克風按鈕

按此二處可以
改變文字顯示
的比例大小

❸瞧！說話的內容
已經變成文字了

❹說完話後，按此
鈕關閉語音輸入
功能

語音轉成文字後，只要透過「工具列」將「一般文字」變更為「標題」，或是縮放文字的顯示比例，如此一來，老師以「分頁」方式分享螢幕，學生都可以清楚看見文件中所顯示的內容。

9-1-4 切換輸入法與插入標點符號

在 Google 文件上所編輯的內容都會自動儲存在雲端上，所以不用特地做存檔的動作，只要在文件編輯區域中設定文字的插入點，即可透過語音輸入或文字輸入的方式來編輯文件內容。

Google 文件的輸入法有注音、漢語拼音、倉頡、中文（繁體）等方式，由「工具列」按下「更多」 ✱✱✱ 鈕，再點選「選取輸入工具」 ✎ ˅ 就可以設定慣用的輸入方式，其中點選「中文（繁體）」的選項將會顯現常用的標點符號讓各位選擇插入。

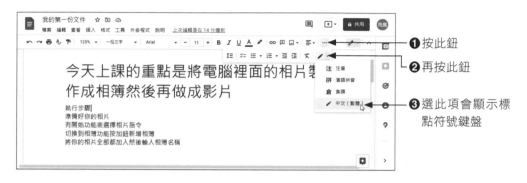

❶ 按此鈕

❷ 再按此鈕

❸ 選此項會顯示標點符號鍵盤

❹ 點選圖示鈕就可加入標點符號

各位不妨將輸入法切換到「中文（繁體）」，如此一來既可以注音輸入文字，也可以隨時按點圖鈕來加入標點符號。

9-1-5 插入特殊字元與方程式

文件中如果需要插入各類型的符號、箭頭、數學符號、上下標、表情符號、漢文部首、各國語言的書寫體等，可以執行「插入 / 特殊字元」指令，它會開啟「插入特殊字元」的面板讓你選擇插入的類別與次選項，依照個人需求選取特殊字元即可。

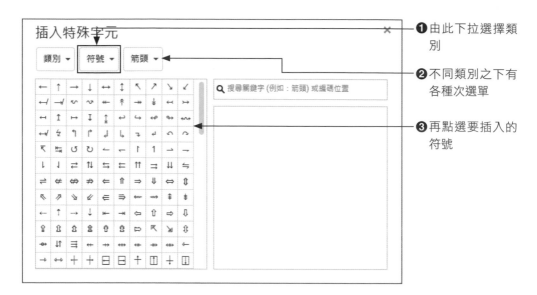

1 由此下拉選擇類別

2 不同類別之下有各種次選單

3 再點選要插入的符號

　　如果需要數學符號，也可以選擇「插入/方程式」指令，它會顯示新增方程式的工具列，方便您選用希臘字母、其他運算子、關係、數學運算子、箭頭等符號。

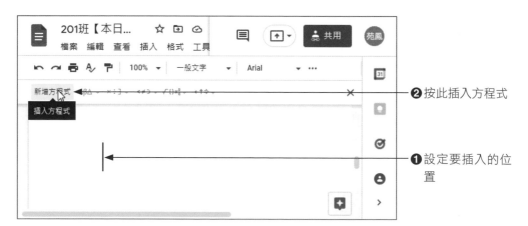

2 按此插入方程式

1 設定要插入的位置

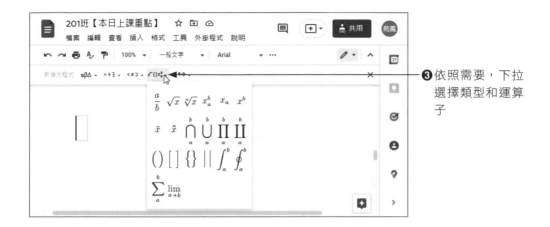

❸依照需要，下拉
選擇類型和運算
子

9-1-6 文字格式與段落設定

要設定文字格式或段落樣式，可在選取範圍後由「工具列」進行編修，不管
是字體樣式、字型、字體格式、文字顏色、對齊方式、行距、項目符號與編號、
增／減縮排等效果皆可由此工具列搞定。

❷由此工具列設定
文字格式與段落
樣式

❶選取範圍

9-1-7 顯示文件大綱

在編輯文件時，如果老師有運用到「樣式」中的「標題」、「標題 1」、「標題
2」等樣式，那麼可以利用「查看／顯示文件大綱」指令來顯示文件架構，這樣

文件左側會顯示文件的標題，如此一來綱要隨時了然於心，老師也可以根據學校的教學大綱來延伸教學內容。

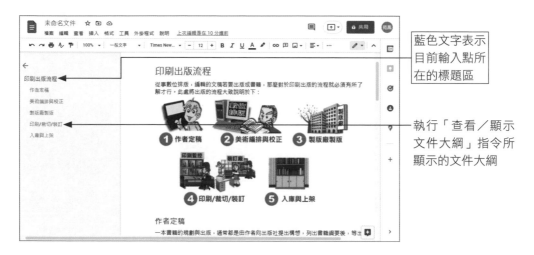

藍色文字表示目前輸入點所在的標題區

執行「查看／顯示文件大綱」指令所顯示的文件大綱

9-1-8　Google 文件離線編輯

Google 文件通常要在上網的情況下才能透過瀏覽器來編輯文件，如果有網路的限制，希望能夠離線編輯文件，那麼可以考慮啟用 Google 文件離線版。請從 Chrome 瀏覽器右上角按下 ⋮ 鈕，下拉選擇「更多工具 / 擴充功能」指令，確認「Google 文件離線版」的擴充功能是否已開啟。

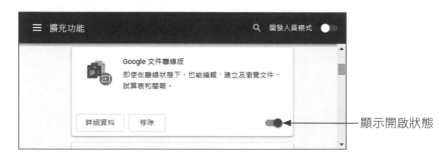

顯示開啟狀態

Google Chrome 在預設狀態下已內建 Google 文件離線版，確認該功能已開啟後，接著開啟你的 Google 文件，執行「檔案 / 允許離線存取」指令，使該功能呈現勾選的狀態，如此一來即使未連上網際網路仍可存取該檔案，不過不建議在公用電腦上使用離線編輯的功能。

除了上述的方法外，各位也可以在文件首頁處按下文件右下角按下 ⋮ 鈕，並選擇「可離線存取」的指令，如此一來文件底端就會出現 的圖示，如下圖所示：

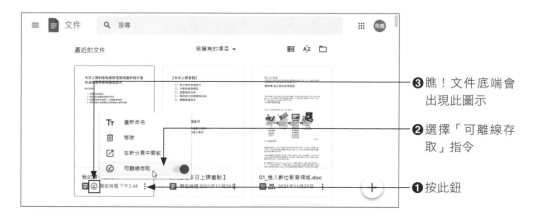

當文件確認有 ⊙ 圖示後，之後離線編輯文件，新增的內容就會自動先儲存到目前的電腦裝置中，等上網時文件會自動儲存到雲端硬碟裡。

離線編輯時顯示的狀態

9-2 文件分享與共用技巧

利用 Google 文件，也可以達到文件分享與共用的效果，例如老師可以準備上課教材、製作考試評量或問卷調查表，完成的 Google 文件可以列印下來、與學生共用、在會議中分享畫面、以電子郵件方式傳送給學生，所以 Google 文件在用戶之間的互動交流是很方便的一種功能。

9-2-1 變更頁面尺寸與顏色

Google 文件的預設紙張大小為 A4、直印，邊界的上下左右各為 2.54 公分，方便老師將文件列印出來做為教材。預設的白底黑字看起來較不強眼，各位也可以利用「檔案 / 頁面設定」指令來變更頁面的顏色。

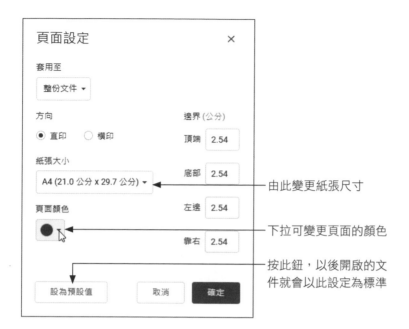

由此變更紙張尺寸

下拉可變更頁面的顏色

按此鈕，以後開啟的文件就會以此設定為標準

9-2-2 查看全螢幕文件

在 Google 文件中執行「查看 / 全螢幕」指令可隱藏功能表和工具列等非必要的工具，例如當老師透過 Google Meet 分享螢幕時，只要調整一下視窗的大小，就可以讓學生更專注在教材的學習，如下圖所示。如果要取消全螢幕的查看，只要按下「Esc」鍵就可再次顯示功能表和工具列。

老師分享 Google 文件的效果

9-2-3 在會議中分享畫面

在會議進行時，各位除了從 Google Meet 中選擇以「分頁」方式分享螢幕畫面外，也可以在會議進行中從 Google「文件」右上方按下 ⬆️▾ 鈕來分享畫面。

❶ 按此鈕

❷ 下拉選擇「在會議中分享分頁畫面」

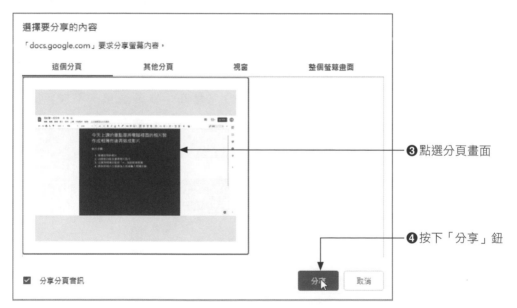

❸ 點選分頁畫面

❹ 按下「分享」鈕

Google 文件已顯示
在 Google Meet 畫
面中

9-2-4　共用文件功能

　　Google 文件在預設的狀態下是鎖住的，僅供自己使用，如果文件需要和他人一起共用，使他人無須登入帳號也可以存取該文件，那麼可以選擇「共用」的功能。

按下「共用」鈕

　　按下「共用」鈕後將進入如下畫面，各位可以在第一個欄位中直接輸入與你共用檔案者的電子郵件，然後按下「完成」鈕完成共用設定。另外，檔案要給很多人時也可以選擇以連結的方式，老師只要設定使用者的權限，然後將複製的連結網址傳送給共用的群組，這樣其他人也就可以透過連結的網址來「檢視」或「編輯」這份文件。方式如下：

由此可直接輸入與你共用檔案的成員

❶ 按下此超連結，變更使用者權限

❷ 下拉選擇知道此連結的使用者的權限，一般設定為「檢視者」即可

❸ 按下「複製超連結」後，按「完成」鈕離開

接下來只要將複製的連結貼給與你共用的成員就行了！

9-2-5　以電子郵件方式傳送給學生

文件要傳送給其他人，也可以執行「檔案 / 電子郵件 / 透過電子郵件傳送這個檔案」指令。

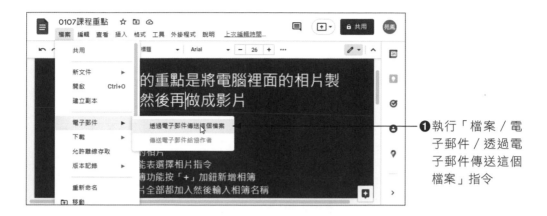

❶執行「檔案／電子郵件／透過電子郵件傳送這個檔案」指令

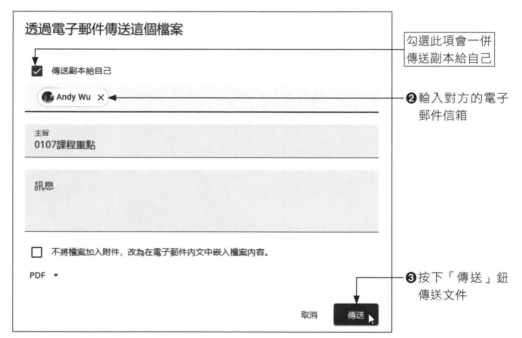

勾選此項會一併傳送副本給自己

❷輸入對方的電子郵件信箱

❸按下「傳送」鈕傳送文件

9-2-6　文件列印

文件想要列印出來，方便放在桌面參考，可以執行「檔案／列印」指令使進入如下的列印設定畫面，確認畫面效果及列印的份數，即可按下「列印」鈕列印文件。

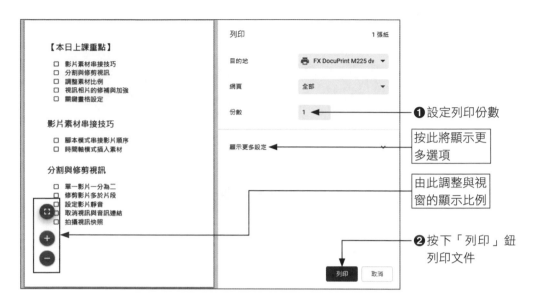

如果需要變更縮放比例、紙張大小、邊界值、或雙面列印,讓文件內容可以擠入一張紙中,可按下「顯示更多設定」進行設定。

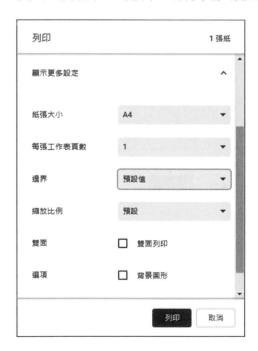

9-3　插入圖片素材

　　圖文並茂的文件是最能夠讓人賞心悅目的，要從「Google 文件」的應用程式中插入圖片，各位有如下六種方式，只要從「插入」功能表中執行「圖片」指令，就可以看到這幾種插入方式。

9-3-1　上傳電腦中的圖片

　　如果要使用的圖片如果是存放在電腦上，執行「插入 / 圖片 / 上傳電腦中的圖片」指令後，只要在「開啟」的視窗中選取圖片縮圖，按下「開啟」鈕即可插入至 Google 文件中。

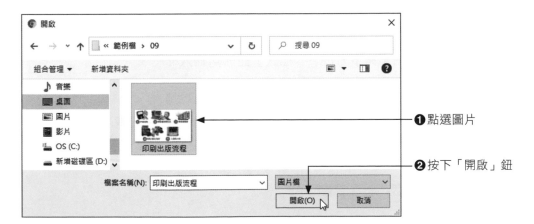

❶點選圖片

❷按下「開啟」鈕

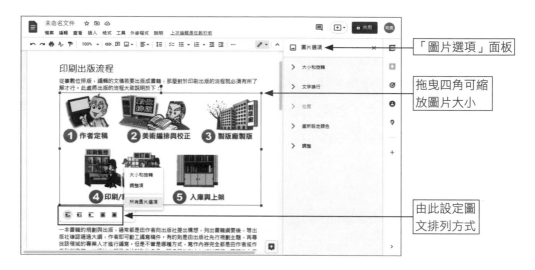

「圖片選項」面板

拖曳四角可縮放圖片大小

由此設定圖文排列方式

　　圖片插入後，只要圖片是在被選取的狀態下，就可以縮放其大小，或是設定圖片與文字的關係。另外，按下圖片工具列右側的 ⋮ 鈕並下選擇「所有圖片選項」的指令，將會在右側顯示「圖片選項」面板，提供各位做大小、旋轉、文字換行、重新設定顏色、透明度 / 亮度 / 對比等調整。

9-3-2　搜尋網路圖片

　　如果你沒有現成的圖片可以使用，那麼不妨到網路上去進行搜尋吧！執行「插入 / 圖片 / 搜尋網路」指令會在 Google 文件右側顯示「搜尋 Google 圖片」的窗格，輸入你想搜尋的關鍵文字，當 Google 圖片列出搜尋的結果後，只要點選想要的圖片，在由窗格下方按下「插入」鈕即可插入插圖。

❶ 由此輸入搜尋的關鍵字

❷ 選取要使用的縮圖

❸ 按下「插入」鈕，即可插入圖片

9-3-3　從雲端硬碟或相簿插入圖片

如果你有使用雲端硬碟的習慣，也可以直接從 Google 雲端硬碟進行插入。執行「插入 / 圖片 / 雲端硬碟」指令，文件右側立即顯示你的雲端硬碟，請從資料夾或檔案中找到要使用的圖片進行插入。

執行「插入／圖片／雲端硬碟」指令會將 Google 雲端硬碟顯示在右側的窗格中

同樣的，執行「插入 / 圖片 / 相簿」指令則是顯示你的 Google 相簿，讓你從相簿中插入圖片。

9-3-4　使用網址上傳圖片

執行「插入 / 圖片 / 使用網址上傳」指令，則是提供欄位讓用戶將圖片所在網址貼入欄位中。此種方式必須確認自己是否擁有圖片的合法使用權，或者在文件裡要適當地標示出圖片來源位置。

9-4 插入表格

編輯文件時，表格可以將複雜的資訊自由組裝在一起，讓文件看起來更整齊美觀。在 Google 文件中，「表格」功能可增減欄列、對齊、插入圖片或文字、表格中插入表格、或是表格 / 儲存格的網底樣式等設定都是一應俱全。

9-4-1　文件中插入表格

Google 文件中要插入表格，從「插入」功能表中執行「表格」指令，就可以使用滑鼠來拖曳出所要的欄列數，如此一來表格就會顯現在文件上。現在我們準備插入 1 欄 2 列的表格。

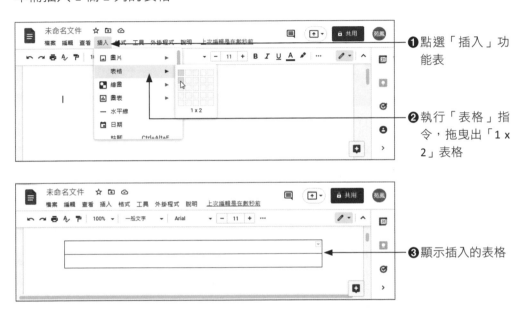

❶點選「插入」功能表

❷執行「表格」指令，拖曳出「1 x 2」表格

❸顯示插入的表格

9-4-2　儲存格插入技巧

表格內可以進行文字編輯，只要先將插入點移至表格內的儲存格，即可輸入文字。按下「Tab」鍵會移到右方或下一個儲存格，如果是在表格最後的一個儲存格時，按下「Tab」鍵會自動新增一列的儲存格。

除了加入文字，也可以插入圖片，只要將滑鼠移到欲插入圖片的儲存格中，然後由「插入」功能表中選擇「圖片」指令，即可選取要插入的圖片，而插入的圖片可以透過四角的控制鈕來調整圖片的尺寸比例。你也可以在表格中放入另一個表格，使變成巢狀式表格，如下圖所示。

儲存格中輸入文字

儲存格中插入圖片

儲存格中插入表格

9-4-3　儲存格的增加／刪減

在繪製表格的過程中，萬一需要增加欄／列的數目，或是有多餘的欄／列想要刪除，可以透過「格式」功能表來選擇要執行的「表格」指令。

由此選擇增刪的指令

9-4-4　設定表格屬性

　　表格中的文字格式設定，事實上和一般文字的格式設定完全相同，都是透過「格式」工具列或是「格式」功能表來處理。另外還可以利用「表格屬性」的指令來對儲存格底色或是表格框線做設定。執行「格式 / 表格 / 表格屬性」指令會在右側看到「表格屬性」面板，裡面包含列、欄、對齊、顏色等屬性，按點箭頭鈕就可以看到下方的屬性設定項。

❷點選的儲存格已加入顏色囉！

❶由此設定儲存格底色

9-5　插入繪圖

　　Google 文件也可以插入繪製的圖案，執行「插入 / 繪圖 / 新增」指令，它會開啟「繪圖」視窗，讓使用者利用各種的「線條」工具或「圖案」工具來繪製圖形，也可以利用「文字方塊」來插入文字，甚至是直接插入圖片。

❶ 執行「插入／繪圖／新增」指令

❷ 顯示繪圖視窗與相關的工具

9-5-1 插入圖案與文字

首先我們利用「圖案」 ⚪ 工具來繪製基本造型。「圖案」工具包含了「圖案」、「箭頭」、「圖説」、「方程式」等類別,功能鈕和 Word 軟體相同,所以選定要使用的工具鈕,就可以在頁面上畫出圖形。

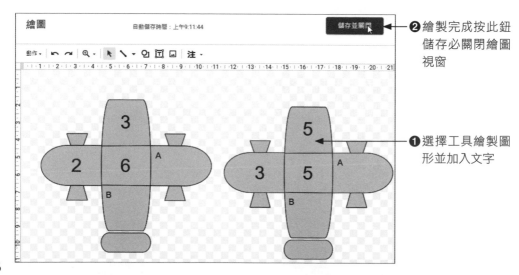

❷ 繪製完成按此鈕儲存必關閉繪圖視窗

❶ 選擇工具繪製圖形並加入文字

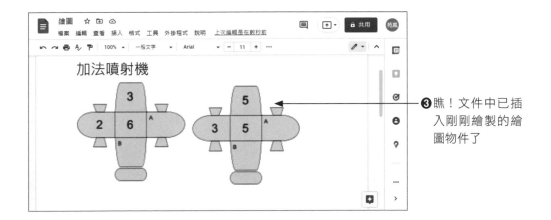

❸瞧！文件中已插入剛剛繪製的繪圖物件了

9-5-2　複製與編修繪圖

在繪製圖形後，相同的圖案可在文件中執行「複製」與「貼上」指令使之複製物件，屆時點選繪圖物件左下角的「編輯」鈕即可修改圖案。如下圖所示：

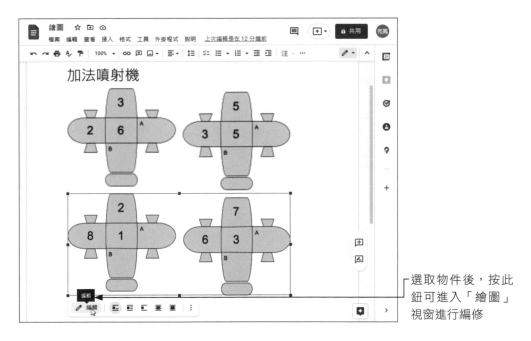

選取物件後，按此鈕可進入「繪圖」視窗進行編修

9-5-3　文字藝術的應用

在插入「繪圖」時，各位還可以在視窗裡利用「動作」功能表中的「文字藝術」功能來加入具有藝術效果的文字，此功能可以縮放文字、旋轉傾斜文字、變更顏色，讓文字變得更出色，視覺效果更搶眼。使用技巧如下：

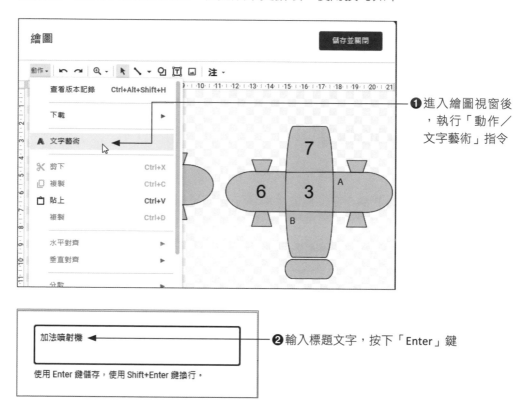

❶進入繪圖視窗後，執行「動作／文字藝術」指令

❷輸入標題文字，按下「Enter」鍵

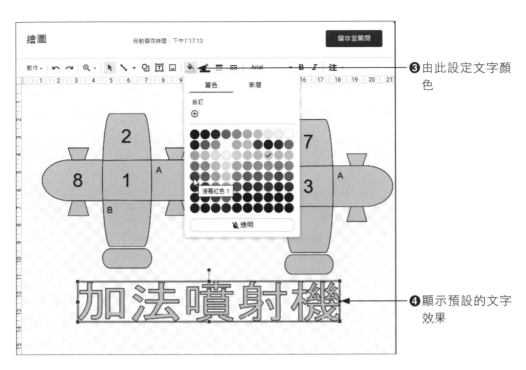

❸ 由此設定文字顏色

❹ 顯示預設的文字效果

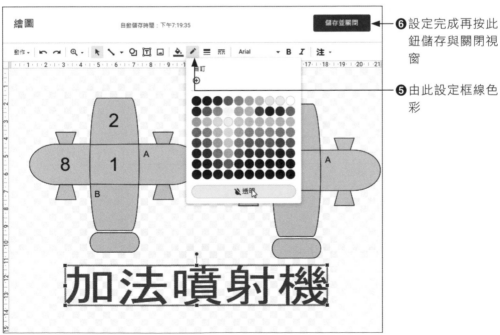

❻ 設定完成再按此鈕儲存與關閉視窗

❺ 由此設定框線色彩

 進階應用功能

　　「Google 文件」可以在線上直接編輯很多的文件，如果也能像 Office 內建的範本一樣，輕鬆取得現成的範本來進行套用修改，那麼可以省卻很多編輯時間。這樣的心願事實上 Google 也幫各位想到了，只要取得外掛程式，超多類型的範本也能任君選擇。

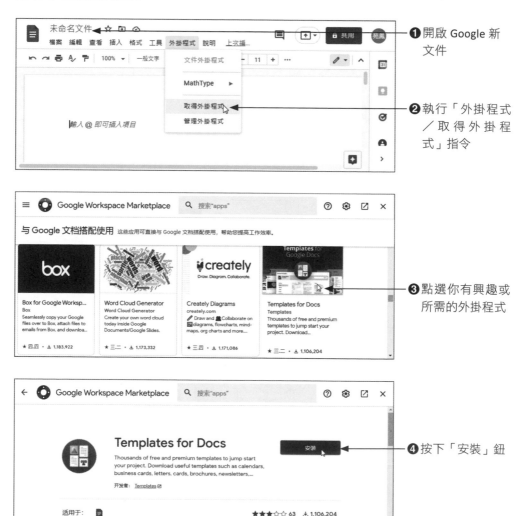

❶ 開啟 Google 新文件

❷ 執行「外掛程式／取得外掛程式」指令

❸ 點選你有興趣或所需的外掛程式

❹ 按下「安裝」鈕

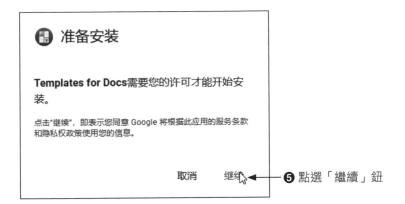

❺ 點選「繼續」鈕

　　按下「繼續」鈕後接著選定你的帳號,「允許」外掛程式可以存取你的 Google 帳戶,這樣就可以看到已安裝完成的畫面,按下「完成」鈕後,從各種 的範本中取得想要的文件內容。

❶ 執行「外掛程式 / Templates for Docs/Browse Templates」指令

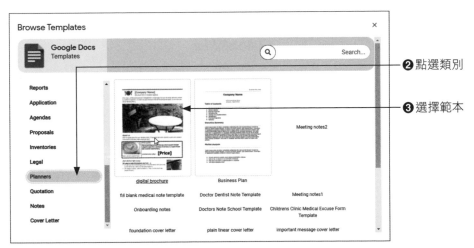

❷ 點選類別

❸ 選擇範本

❹ 按此鈕建立副本，再 按「Open File」鈕開啟檔案

範本文件開啟後，各位只要點選文字再替換成自己所需的內容即可。同樣的，圖片部分只要點選後按右鍵執行「取代圖片」指令，即可替換成電腦中的圖片、相簿、相機、網路插圖、雲端硬碟中的圖片等，可以節省許多編輯的時間。

9-6-1　文件中直接搜尋網路資料

　　當各位在透過 Google 文件進行文書處理的工作時，如果需要查詢資料，大部份使用者的作法就是在 Chrome 瀏覽器開啟新的分頁，其實 Google 文件有內建瀏覽器功能，我們可以直接執行「工具 / 探索」指令就可以在 Google 文件的右側開啟視窗，這個視窗中可以允許各位以關鍵字輸入的方式進行查詢，並將所找到該關鍵字的相關網頁內容列出。例如下圖中筆者輸入「MyCard」關鍵字，就可以馬上搜尋到和「MyCard」關鍵字相關的網頁，如果想查看任意網頁的內容，只要用滑鼠點擊該網頁的超連結，就會秀出該網頁的相關內容。

❶執行「工具 / 探索」指令

❷可以直接在右邊欄位直接輸入問題，找到的相關文章可以直接點擊查詢

9-6-2　輕鬆轉為其他文件格式

　　如果我們利用 Google 文件進行文書工作，一旦你希望將這份文件轉換成其他的通用格式，例如：pdf、docx 或 epub 格式時，這時有沒有什麼方式，可以幫忙各位將 Google 文件所編輯的檔案，轉換成所需的文件格式呢？其實 Google 文件可以轉換的格式包括 docx、odt、rtf、pdf、txt、html 和 epub 格式。只要參

考下圖的「檔案 / 下載」指令，就可以根據需求將 Google 文件以不同的格式進行下載。

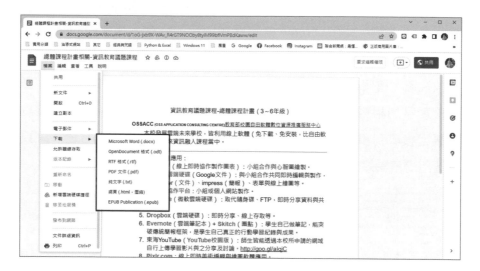

10

活學活用高效 Google 試算表

現代人的生活可以說跟數字息息相關，我們似乎每天都必須處理更多的數字資料與金融資訊。從公司計算利潤與損失的財務報表、會計處理大量的資產負債表，個人支票簿帳號管理、家庭預算的計劃與學生成績的統計等。

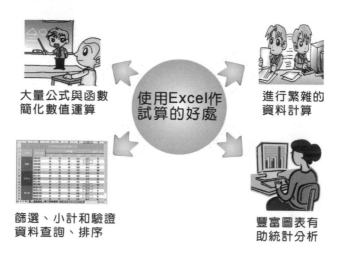

所謂的「試算表」（Spreadsheet），是一種表格化的計算軟體，它能夠以行和列的格式儲存大量資料，並藉著輸入到表格中的資料，幫助使用者進行繁雜的資料計算和統計分析，以製作各種複雜的電子試算表文件。簡單來說，具備以下三點特色：

1. 豐富的圖表能力：試算表軟體擁有各式各樣的彩色化圖表類型，能夠讓您在不同的情境中，使用正確類型的圖表來表達數值的意義，達到易於分析各種數值的能力。例如提供各式的統計圖表，可以讓工作表中的資料轉換成統計圖表，不必再像傳統的人工試算表需要另外繪製。

2. 資料庫的管理：試算表軟體有的也提供了簡單的資料庫管理，可以讓使用者對輸入的資料作查詢、排序、篩選、小計和驗證的功能，尤其是針對大量的資料時，特別的方便。

3. 卓越的數字處理能力：試算表軟體有著公式與函數的輔助處理工具，能將數字運算的過程簡化，並且提供自然語言輸入的功能，讓流程更人性化。

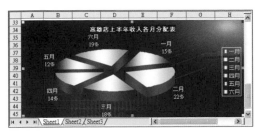 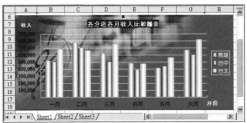

精美的圖表功能

10-1 試算表功能簡介

以往 Excel 是在日常工作時最常用到的工具之一,不過,現在雲端、線上工作逐漸普及,尤其是許多企業開始居家上班後,有越來越多團隊開始使用 Google 試算表。使用 Google 試算表軟體,不僅完全免費,而且所有的運算及檔案儲存空間,都在遠方雲端中的電腦完成,還可以透過「共用」功能提供給親朋好友,只要移動到想要建立連結的工作表,複製網址欄中的網址,然後將連結傳送給具存取權的給檢視者或編輯者即可。

資產保管人分配表

資產名稱	資產編號	購入日期	廠商服務電話	保管人	購買金額
電腦	BCU9001	2009/3/5	07-8744777	吳建立	NT$56,000
印表機	BCU9002	2010/7/21	06-7637333	林建光	NT$20,000
影印機	BCU9003	2006/6/27	08-3728748	朱育光	NT$120,000
冷氣機	BCU9004	2006/10/16	07-6363222	林宜訓	NT$70,000
會議桌	BCU9005	2004/8/8	04-6373333	吳政道	NT$80,000
保險櫃	BCU9006	2007/6/2	07-5451524	賴淑芳	NT$45,000

10-1-1　建立試算表

Google 試算表大多數的功能，和 Excel 並沒有太大不同，但許多功能的操作方式還是有些許的不同，要使用 Google 試算表，要使用 Google 試算表，請連上 Google 首頁，點選「Google 應用程式」 ⠿ 鈕，再從清單中點選「試算表」即可。

❶ 按此鈕

❷ 點選「試算表」

接著點選右下角「+」鈕，即可顯示空白的試算表格，並以「未命名的試算表」為預設檔案。

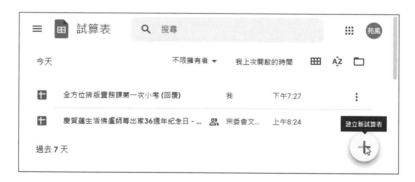

如果想再建立另外一個新試算表時，則請執行「檔案 / 新文件 / 試算表」指令：

10-1-2　工作環境簡介

當我們建立一份新的 Google 試算表，會自動開啟一個新檔案，稱為「未命名的試算表」，並預設一張名為「工作表 1」的工作表。每張工作表都有一個工作表標籤，位於視窗下方，可用滑鼠點選來進行切換，每張工作表皆是由「直欄」與「橫列」交錯所產生密密麻麻的「儲存格」組成。其工作環境如下圖所示：

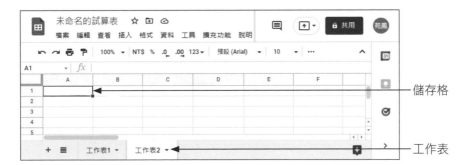

❏　工作表

工作表是我們操作試算表軟體的工作底稿。工作表標籤位於活頁簿底端，可以滑鼠點選來切換不同的工作表。當我們以滑鼠點選某一個工作表標籤，就會成為「作用工作表」。

❏ 儲存格

最基本的工作對象，在輸入或執行運算時，每個「儲存格」都可視為一個獨立單位。「欄名」是依據英文字母順序命名，「列號」則以數字來排列，欄與列的定位點則稱為「儲存格位址」或「儲存格參照」，例如 B3（第三列 B 欄）、E10（第十列 E 欄）等。

每一個儲存格中的資料，Google 試算表都會賦予一種「資料格式」，不同的「資料格式」在儲存格上會有不同的呈現方式。如果未特別指定，Google 試算表會自行判斷資料內容而給予應有的呈現方式。例如「文字」資料型態，通常以滑鼠選取儲存格，然後輸入中／英文內容即可，其預設為靠左對齊。如果是「數值」資料型態，則預設為靠右對齊。如果未特別指定，系統會自行判斷資料內容屬於何種資料格式，而給予應有的呈現方式。

10-1-3 儲存格輸入與編輯

建立新的 Google 試算表後會自動開啟一張無標題的「工作表 1」，各位可在標題欄上輸入文件標題。如果要在儲存格中開始輸入資料，必須先以滑鼠點選儲存格使其成為「作用儲存格」，然後直接使用鍵盤輸入資料即可。

要移動儲存格的位置，可透過「Enter」鍵往下移動一格，「Tab」鍵往右移動一格，或是透過方向鍵來移動到上下左右各一格的位置。

工作表名稱顯示於試算表底端，可以滑鼠點選來切換不同的工作表。當我們以滑鼠點選某一個工作表標籤，就會成為「作用工作表」。如果整個儲存格內容需要修改，只要重新選取要修改的儲存格，直接輸入新資料，按下「Enter」鍵就可以取代原來內容。

10-1-4　插入與刪除

各位可以視自己的需要在插入功能表插入欄或列，例如向左插入 1 欄或向右插入 1 欄：

10-1-5　欄寬與列高

要變「欄」或「列」的大小，可以直接在該欄或該列按下滑鼠右鍵，並執行快顯功能中和大小調整相關的指令，就可以修改欄寬或列高。如下所示：

- 點選整列後，按右鍵執行「調整列的大小」

■ 點選整欄後，按右鍵執行「調整欄的大小」

10-1-6　工作表基本操作

當我們以滑鼠點選某一個工作表標籤，它會成為「作用工作表」。使用者可以重新命名工作表達到管理工作表的目的。

❏ 工作表重新命名

變更工作表的方法是選取欲重新命名的工作表標籤，按滑鼠左鍵，執行「重新命名」指令。

❷ 執行「重新命名」指令

❶ 按此下拉鈕

❸ 輸入工作表新名稱，
按「Enter」鍵確認

❏ 新增工作表

如果需要新增工作表，最快的方法是在工作表下方按下「+」鈕。

按此鈕可新增工作

❏ 刪除工作表

如果要刪除工作表，只要在工作表標籤按一下滑鼠左鍵，執行功能表中的
「刪除」指令。

❷ 執行「刪除」指令

❶ 按此鈕

❸ 按「確定」鈕，該工作表就被刪除了

❏ 快速檢視工作表

如果您的一份文件中有許多個工作表，您還可以透過工作表右下方新增加的一個清單來迅速檢視所有的工作表。例如，各位可以試著依上述新增工作表的作法，新增兩張工作表，名稱分別為「研發部」、「業務部」，依下圖所指示的位置，就可以檢視所有工作表。

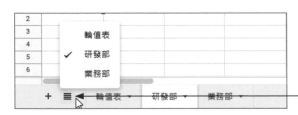

—— 按此處可以檢視所有工作表

❏ 複製工作表

Google 試算表提供兩種複製工作表的方式，其中「複製」指令可以直接在同一個檔案產生工作表的副本；而「複製到」則可以將工作表複製到指定的試算表檔案。

❏ 移動工作表

如果要移動工作表的位置，只要按下工作表標籤，在功能表清單中選擇「向右移」、「向左移」指令，就可以移動工作表位置，如下圖所示：

「向右移」指令，可以將此工作表和下一張工作表交換位置；「向左移」指令，可以將此工作表和前一張工作表交換位置

10-1-7　保護資料不被修改

我們知道 Google 試算表可以方便多人共用協作編輯工作表，為了避免合作的對象的不當修改，可以為該共用的試算表設定不同的權限，這種情況下就可以考慮將工作表進行保護，如此一來就可以確保該工作表的資料不被修改。接下來的例子就是為各位示範如何為受保護的工作表設定編輯的權限：

❷執行「受保護的工作表」指令

❸點選「設定權限」就可以開始設定

❶在想保護的工作表上點右鍵

你可以選擇只有「只限自己」編輯，或從共用的名單中選擇有權限可以編輯的同事。

10-1-8 Google 試算表轉成 Excel 檔案

雖然 Google 試算表所提供的功能越來越強，不過在實務的工作上，仍有許多學校或企業仍是使用 Excel 檔案格式，這時我們可以透過 Google 的下載功能事先將檔案轉存成 Excel 檔案再行使用。接著我們就來示範如何將將 Google 試算表轉存成 Excel 檔案，首先請執行「檔案 / 下載 / Microsoft Excel」指令，就可以將 Google 試算表下載成 Excel 檔案，相關操作流程如下圖所示：

下載完畢後，各位可以在 **google** 瀏覽器會看到已下載該 Excel 檔案，只要依下面的步驟，就可以在所下載的資料夾中找到這個 Excel 檔案。

在 Google 瀏覽器下方可以看到已下載檔案成功，請按下右方的下拉式三角形箭頭，於開啟的功能表中執行「在資料夾中顯示」

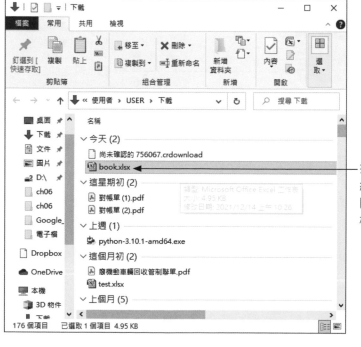

接著就可以在各位電腦系統的「下載」資料夾找到剛才已下載成功的 Excel 檔案

10-2 美化試算表外觀

當你將試算表格的資料輸入完成後，為了讓資料更清楚易識，你可以將表格美化，像是設定文字格式、儲存格色彩、加入表格標題、插入圖片等，都能讓試算表格看起來不單調又美觀。

10-2-1 儲存格格式化

Google 試算表提供了儲存格格式化的功能，不論使用者想要對儲存格進行字體大小、文字格式、文字顏色、儲存格背景色彩、邊框、對齊等，都可以透過「格式工具列」進行設定。

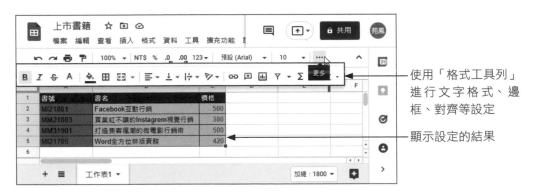

使用「格式工具列」進行文字格式、邊框、對齊等設定

顯示設定的結果

10-2-2 插入標題列

在試算表上方插入標題列可以讓表格內容更清晰。我們可以在第一列上方插入一列，再重新調整列高，列高的調整可以滑鼠拖曳的方式，或是輸入特定的數值。在此示範設定方式，同時學習儲存格的合併和垂直對齊設定。

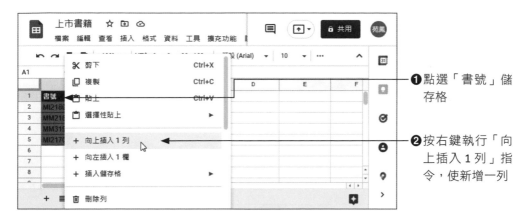

❶點選「書號」儲存格

❷按右鍵執行「向上插入 1 列」指令，使新增一列

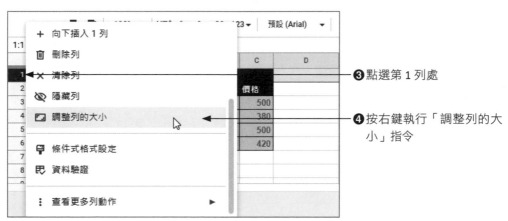

❸點選第 1 列處

❹按右鍵執行「調整列的大小」指令

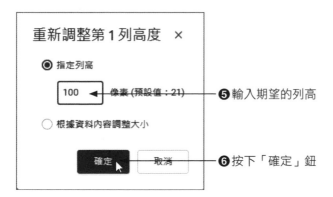

❺輸入期望的列高

❻按下「確定」鈕

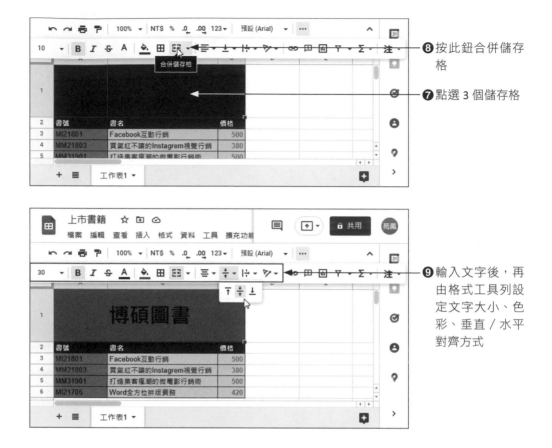

❽ 按此鈕合併儲存格

❼ 點選 3 個儲存格

❾ 輸入文字後，再由格式工具列設定文字大小、色彩、垂直 / 水平對齊方式

10-2-3　插入美美的圖片

試算表中也可以和 Google 文件一樣選擇插入圖片。選定儲存格後，執行「插入 / 圖片」指令可以選擇將圖片插入儲存格內，或是在儲存格上方插入圖片，而插入的圖片可以選擇「上傳」、「相機」、「使用網址上傳」、「相片」、「Google 雲端硬碟」、「Google 圖片搜尋」等插入方式。

圖片插入後，可透過四角的控制點來縮放圖片，也可以設定圖片擺放的位置。

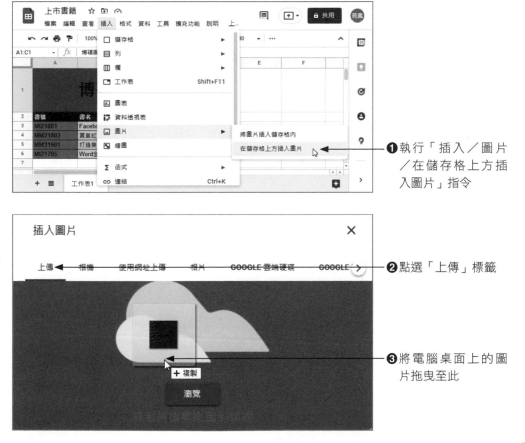

❶執行「插入／圖片
　／在儲存格上方插
　入圖片」指令

❷點選「上傳」標籤

❸將電腦桌面上的圖
　片拖曳至此

❹圖片已插入儲存格中

10-3 檔案管理

在建立工作表後，當然要儲存起這個檔案，讓下次要製作相同的表格時，只要開啟此檔案並加以修改即可。

10-3-1 自動儲存

由於編輯 Google 試算表檔案會自動儲存檔案，當要查看所編輯的檔案是否已儲存成功，可以按下  鈕，如果出現「所有變更都已儲存到雲端硬碟」表示該檔案已儲存成功。

10-3-2　離線編輯

　　離線編輯是一種允許 Google 文件在沒有網路連線的情況下仍然可以進行文件編輯的工作模式，首先必須先行確認 Chrome 瀏覽器是否已開啟「Google 文件離線版」，下一步再到 Google 試算表的主選單中開啟 Google 試算表的離線功能。

❶ 於 Chrome 瀏覽器按此鈕

❷ 執行「更多工具／擴充功能」指令

❸ 確認「Google 文件離線版」的擴充功能已開啟

回到 Google 試算表的首頁後，接著我們進行以下的設定：

❶於左上角選按主選單鈕，於開啟的選單中執行「設定」指令

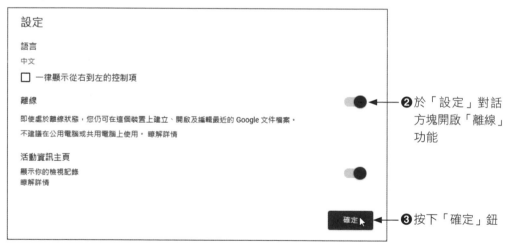

❷於「設定」對話方塊開啟「離線」功能

❸按下「確定」鈕

當我們完成離線編輯的設定之後，如果 Google 試算表在編輯的過程中，突然發生網路斷線，這種情況下，正在編輯的 Google 試算表文件就會顯示「離線作業」：

　　即使在這種情況下，仍然可以進行該試算表的編輯工作，並在編輯的過程中，可以在畫面上方看到「已儲存到這部裝置」，這個意思就是指已將該試算表所變更的內容儲存到本機端的電腦硬碟之中，不過要能順利儲存這個離線編輯的檔案，必須要先確認本機端的電腦有足夠的硬碟空間。

　　一旦下次有機會使用 Chrome 瀏覽器重新連上網路，就會自動將儲存在本機端硬碟所編修的 Google 試算表上傳到各位專屬帳號的雲端硬碟中。

10-3-3　建立副本

　　如果你要將 Google 試算表內容，在本機端電腦建立副本，可以執行「檔案 / 建立副本」指令，接著輸入新建的副本名稱，按下「確定」鈕即可。

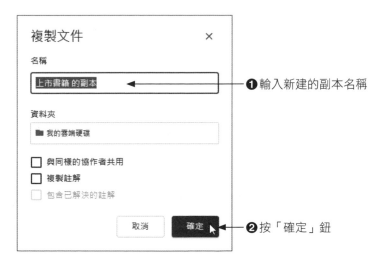

10-3-4　開始舊檔

要開啟已儲存的試算表,可以執行「檔案 / 開啟」指令,選定要開啟的試算表,按下該開啟檔名的超連結,就可以將該試算表加以開啟。

如果要上載電腦中的檔案,請在「開啟檔案」視窗切換到「上傳」標籤,並於下圖中按下「選取裝置中的檔案」,再選定所要上傳的檔案,接著按「開啟舊檔」鈕即可。

10-3-5　工作表列印

建立好檔案之後，最主要的就是把檔案給列印出來，首先確定印表機是否開啟且與電腦連結。如果您需要文件的書面版本，可以執行「檔案 / 列印」指令，此時會出現一個「列印設定」的對話方塊，可以讓你設定列印「範圍」、「紙張大小」、「頁面方向」、「縮放比例」、「邊界」、「格式設定」、「頁首和頁尾」等，如下圖所示：

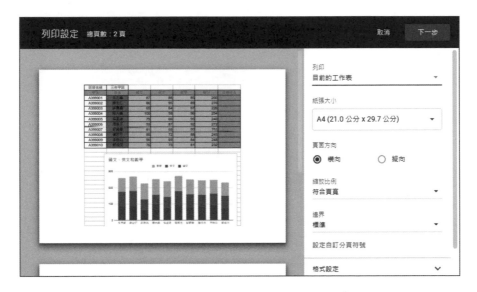

其中範圍設定有「目前的工作表」和「所選的儲存格」二種，至於「頁面方向」則有「橫向」及「縱向」（建議使用）兩種選項。

10-4　認識公式與函式

多數使用試算表的原因，除了因為它可以記錄很多的資料、快速查詢、篩選資料外，最大的特點是因為它可以進行公式或函式的計算，因此這一章節就來探討公式的使用技巧。Google 試算表中的計算模式是使用儲存格參照來進

行，同時要以「=」來做為計算的開頭。例如：各位在「F3」的儲存格中輸入「=C3+D3+B4+E3」後再按下「Enter」鍵，就會自動將各個儲存格之中的資料讀取進行加總計算。Google 試算表在運算時也是遵守「先乘除、後加減」的運算法則，若要讓加減優先運算時可以使用括號來進行。

10-4-1　公式的形式

在 Google 試算表中，我們可利用公式來進行數據的運算，Google 試算表的公式形式可以分為以下三種：

公式形式	功能說明	範例說明
數學公式	這種公式是由數學運算子、數值及儲存格位址組成。	=C1*C2/D1*0.5
文字連結公式	公式中要加上文字，必須以兩個雙引號（"）將文字括起來，而文字中的內容互相連結，則使用（&）符號。	=" 平均分數 "&A1
比較公式	是由儲存格位址、數值或公式兩相比較的結果。	=D1>=SUM(A1:A2)

公式型態中最簡單的一種，主要是使用「＋」、「－」、「×」、「÷」、「％」、「^」（次方）算術運算所求出來的值。例如 A4=A1+A2+A3。比較公式，也是公式型態的一種，主要由儲存格位址、數值或公式兩相比較的結果，通常為「TRUE」真值或「FALSE」假值的邏輯值，常見比較算式符號有「＝」、「＜」、「＞」、「＜＝」、「＞＝」、「＜＞」。

10-4-2　函式的輸入

函式型態也算是公式的一種，但函式可以大幅簡化輸入工作。Google 試算表預先將複雜的計算式定義成為函式，並給予適當引數，使用者只要依照指定步驟進行計算即可。

編輯函式先要以「＝」開頭，每一個函式都包含了函式名稱、小括號以及引數三個部份。函式名稱多為函式功能的英文縮寫，如 SUM（加總）、MAX（最大值）、MIN（最小值）等，在小括號內則是該函式會使用到的引數，引數可以是參照位址、儲存範圍、文字、數值、其他函式等。

= 函式名稱 (引數 1, 引數 2…, 引數 N)

- **函式名稱**：Google 試算表預先定義好的公式名稱，多為函式功能的英文縮寫，如 SUM（加總）、MAX（最大值）、MIN（最小值）等。

- **小括號**：在小括號內則是該函式會使用到的引數。雖然有些函式並不需要引數，不過小括號還是不可以省略。

- **引數**：要傳入函式中進行運算的內容，可以是參照位址、儲存範圍、文字、數值、其他函式等。不過這些引數必須是合乎函式語法的有效值才能正確計算。

以加總計算來說，各位必須將每個要計算的儲存格都輸入才能得到正確的答案，如果使用 Google 試算表所提供的 SUM() 函式來進行，其語法為 SUM（儲存格範圍）。所以只要在「B10」儲存格中輸入「=SUM（B2:B9）」之後再按下 Enter 鍵就可以求得加總結果了。其中（B2:B9）就是代表由 B2 儲存格到 B9 儲存格的意思。

現有的 Google 試算表中的常見的函式類別：日期、文字、工程、篩選器、財務、Google、資料庫、邏輯、陣列、資訊、查詢、數學、運算子、統計、網頁等。在 Google 試算表，如果要將公式新增到試算表中，請依照下列指示執行：

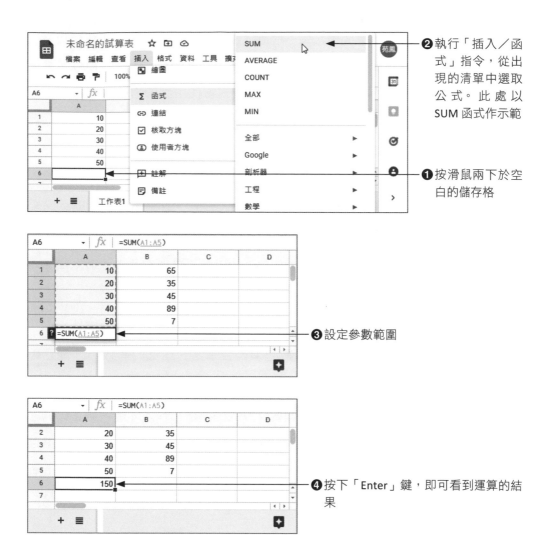

❷執行「插入／函式」指令，從出現的清單中選取公式。此處以 SUM 函式作示範

❶按滑鼠兩下於空白的儲存格

❸設定參數範圍

❹按下「Enter」鍵，即可看到運算的結果

10-4-3 　函式的複製

公式複製與相對參照可以使用於多數且相同計算式或函式的計算。以上面的加總為例，在「A6」儲存格所輸入的 SUM() 函式是對應到（A1 到 A5）儲存格範圍，而「B6」儲存格則是對應到（B1 到 B5）的儲存格範圍，各位可以看出其函式的內容都是有規則性的。

　　所以此時只要在「A6」儲存格中輸入「=SUM(A1:A5)」之後,當我們進行公式複製時,Google 試算表就會自動調整函式中對應的儲存格範圍並且進行計算。此種方式就是「公式複製」,而其儲存格所對應的方式就是「相對參照」。

　　當使用者將資料輸入至工作表後,Google 試算表作用儲存格下方有一個小方點稱為「填滿控點」,透過這個小方點可以讓我們省去很多資料輸入時間。它的功用是輸入資料時可發揮複製到其他相鄰儲存格的功能。公式(或函式)也可以利用填滿控點功能,將公式(或函式)填滿到所選取的儲存格。

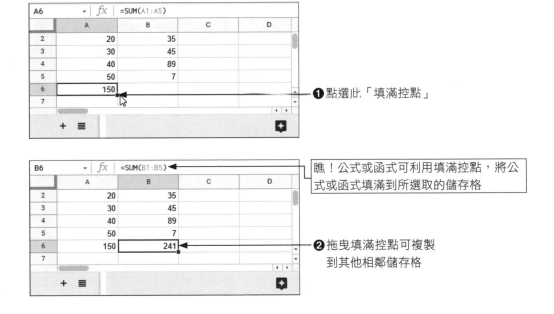

❶ 點選此「填滿控點」

瞧!公式或函式可利用填滿控點,將公式或函式填滿到所選取的儲存格

❷ 拖曳填滿控點可複製到其他相鄰儲存格

10-4-4　常見的函式

　　接下來我們列出一些常用函式語法、分類、函式說明及運算實例供各位參考,請看下表的說明:

函式語法	類型	函式說明	運算實例
SUM（數字 _1, 數字 _2, ... 數字 _30）	數學	加總：將儲存格範圍內的所有數字相加。 數字 _1、數字 _2、... 數字 _30 是最多 30 個要計算總和的引數。您也可以使用儲存格參照輸入範圍。	=SUM(A1:B3)， 將 A1 到 B3 儲存格範圍進行加總。
AVERAGE（數字 _1, 數字 _2, ... 數字 _30）	統計	平均值：計算所引數範圍內的平均值。數字 _1、數字 _2、... 數字 _30 是數值或範圍。	AVERAGE(B2:D3)， 計 算 B2、C2、D2、B3、C3、D3 的平均值。
MAX（數字 _1, 數字 _2, ... 數字 _30）	統計	最大值：求取指定範圍中的最大值。數字 _1、數字 _2、... 數字 _30 是數值或範圍。	MAX(A2:B3)， 求 A2 到 B3 範圍內的最大值。
MIN（數字 _1, 數字 _2, ... 數字 _30）	統計	最小值：求取指定範圍中的最小值。數字 _1、數字 _2、... 數字 _30 是數值或範圍。	MIN(A5:B8)，求 A5 到 B8 範圍內的最小。
COUNT（數字 _1, 數字 _2, ... 數字 _30）	統計	計算指定範圍內，含有數值資料的個數。 數字 _1、數字 _2、... 數字 _30 是數值或範圍。	COUNT(A1:C3)，計算 A1:C3 儲存格範圍內數值資料的個數。
COUNTIF（範圍 , 條件）	數學	COUNTIF() 函式功能主要是用來計算指定範圍內符合指定條件的儲存格數值。「範圍」是指計算指定條件儲存格的範圍，「條件」此為比較條件，可為數值、文字或是儲存格。若直接點選儲存格則表示選取範圍中的資料必須與儲存格吻合；若為數值或文字則必須加上雙引號來區別。	=COUNTIF(A1:A10, ">5") 以上第二欄中的數值大於 5 的儲存格數目。

10-5　成績計算表

這個小節我們將針對加總 SUM、平均 AVERAGE、公式（或函式）填滿、RANK 函式設定名次等功能作説明。

10-5-1　計算學生總成績

在瞭解 SUM() 函式後，接下來將以範例來説明如何以自動加總計算學生總成績。

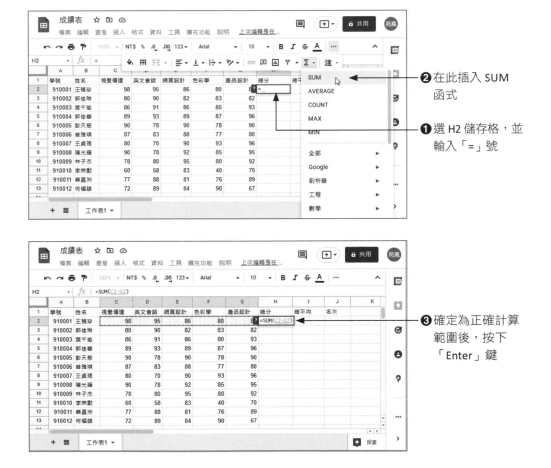

❷ 在此插入 SUM 函式

❶ 選 H2 儲存格，並輸入「=」號

❸ 確定為正確計算範圍後，按下「Enter」鍵

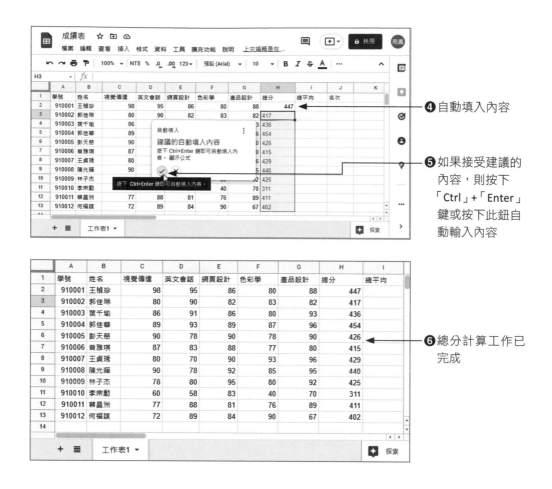

❹ 自動填入內容

❺ 如果接受建議的
內容，則按下
「Ctrl」+「Enter」
鍵或按下此鈕自
動輸入內容

❻ 總分計算工作已
完成

10-5-2 學生成績平均分數

計算出學生的總成績之後，接下來就來看看如何計算成績的平均分數。此處將先說明計算平均成績的 AVERAGE() 函式，然後再以實例講解。以下為 AVERAGE() 函式說明。

❏ AVERAGE() 函式

▶ 語法：AVERAGE(Number1:Number2)

▶ 說明：函式中 Number1 及 Number2 引數代表來源資料的範圍，Excel 會自動計算總共有幾個數值，在加總之後再除以計算出來的數值單位。

使用 AVERAGE() 函式與使用 SUM() 函式的方法雷同，只要先選取好儲存格，再插入 AVERAGE 函式即可。以下將延續上一節範例來說明。

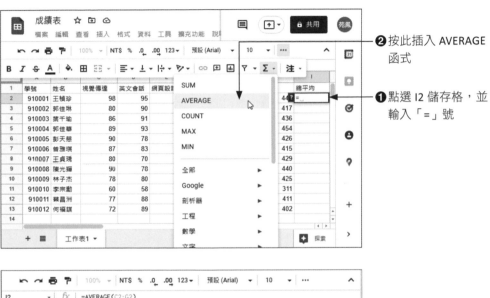

❷ 按此插入 AVERAGE 函式

❶ 點選 I2 儲存格，並輸入「=」號

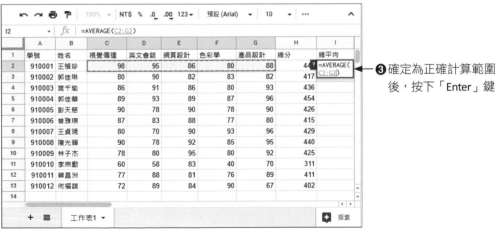

❸ 確定為正確計算範圍後，按下「Enter」鍵

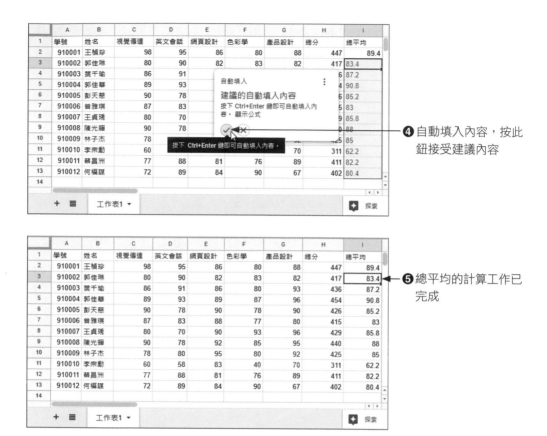

❹ 自動填入內容，按此
鈕接受建議內容

❺ 總平均的計算工作已
完成

　　知道了總成績與平均分數之後，接下來將瞭解學生名次的排列順序。在排列
學生成績的順序時，可以運用 RANK() 函式來進行成績名次的排序。我們以實例
來做說明。

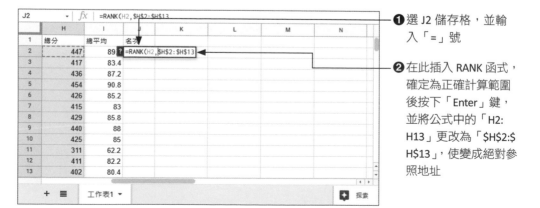

❶ 選 J2 儲存格，並輸
入「=」號

❷ 在此插入 RANK 函式，
確定為正確計算範圍
後按下「Enter」鍵，
並將公式中的「H2:
H13」更改為「$H$2:$
H$13」，使變成絕對參
照地址

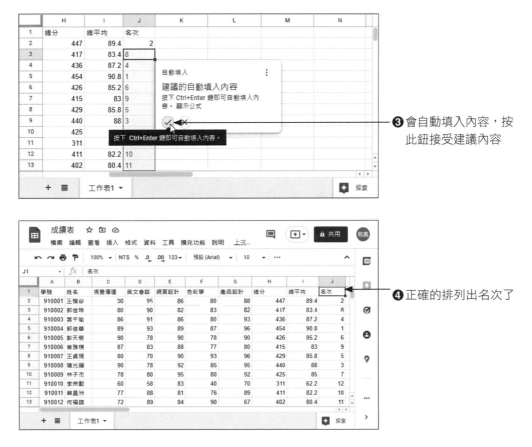

❸ 會自動填入內容，按
此鈕接受建議內容

❹ 正確的排列出名次了

很簡單吧！不費吹灰之力就已經把學生成績計算表的名次給排列出來了！

10-6 成績查詢表

當老師建立好所有學生成績統計表後，為了方便查詢不同學生的成績，需要
建立一個成績查詢表，讓老師只要輸入學生學號後，就可直接查詢到此學生的成
績資料。在此查詢表中需要運用到 VLOOKUP() 函式，因此在建立查詢表前，先
來認識 VLOOKUP() 函式。

10-6-1 VLOOKUP() 函式說明

VLOOKUP() 函式是用來找出指定「資料範圍」的最左欄中符合「特定值」的資料,然後依據「索引值」傳回第幾個欄位的值。

❏ VLOOKUP() 函式

▶ 語法:VLOOKUP(Lookup_value,Table_array,Col_index_num,Range_looKup)

▶ 說明:以下表格為 VLOOKUP() 函式中的引數說明:

引數名稱	說明
Lookup_value	搜尋資料的條件依據
Table_array	搜尋資料範圍
Col_index_num	指定傳回範圍中符合條件的那一欄
Range_lookup	此為邏輯值,如果設為 True 或省略,則會找出部分符合的值;如果設為 False,則會找出全符合的值

看完 VLOOKUP() 函式的說明後可能還是覺得一頭霧水。別擔心,以下將舉例讓各位瞭解。

函式舉例:以下為各式車的價格

	A	B	C
1	001	賓士	200 萬
2	002	BMW	190 萬
3	003	馬自達	80 萬
4	004	裕隆	60 萬

如果設定的 VLOOKUP() 函式為：

```
VLOOKUP(004,A1:C4,2,0)
```

由左至右的 4 個參數意義如下：

- 在最左欄尋找 "004"
- 代表搜尋範圍
- 傳回第 2 欄資料
- 表示需找到完全符合的條件

所以此 VLOOKUP() 函式會傳回「裕隆」二字。

10-6-2　建立成績查詢表

接著我們可以新增一張工作表名為「成績查詢表」，請自行輸入如下的工作表內容，接著就可以開始輸入各儲存格的公式，如下表所示：

C4 儲存格公式	=VLOOKUP($B$1, 成績表 !$A$1:$J$13,2,0)
C5 儲存格公式	=VLOOKUP($B$1, 成績表 !$A$1:$J$13,3,0)
C6 儲存格公式	=VLOOKUP($B$1, 成績表 !$A$1:$J$13,4,0)
C7 儲存格公式	=VLOOKUP($B$1, 成績表 !$A$1:$J$13,5,0)
C8 儲存格公式	=VLOOKUP($B$1, 成績表 !$A$1:$J$13,6,0)
C9 儲存格公式	=VLOOKUP($B$1, 成績表 !$A$1:$J$13,7,0)
E4 儲存格公式	=VLOOKUP($B$1, 成績表 !$A$1:$J$13,8,0)
E5 儲存格公式	=VLOOKUP($B$1, 成績表 !$A$1:$J$13,9,0)
E6 儲存格公式	=VLOOKUP($B$1, 成績表 !$A$1:$J$13,10,0)

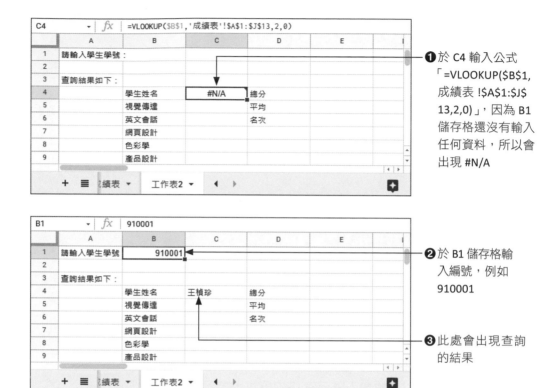

❶於 C4 輸入公式「=VLOOKUP($B$1,成績表!$A$1:$J$13,2,0)」，因為 B1 儲存格還沒有輸入任何資料，所以會出現 #N/A

❷於 B1 儲存格輸入編號，例如 910001

❸此處會出現查詢的結果

　　接下來只要對照項目名稱，依序將 VLOOKUP() 函式中的「Col_index_num」引數值依照參照欄位位置改為 3、4、5 等即可。

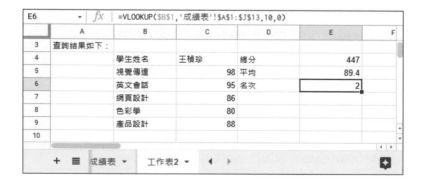

10-7　計算合格與不合格人數

　　為了提供成績查詢更多的資料，接下來將在員工成績查詢工作表中加入合格與不合格的人數，讓查詢者瞭解與其他人的差距。在計算合格與不合格人數中，必須運用到 COUNTIF() 函式，所以首先將講解 COUNTIF() 函式的使用方法。

10-7-1　COUNTIF() 函式說明

　　COUNTIF() 函式功能主要是用來計算指定範圍內符合指定條件的儲存格數值。

❑　**COUNTIF() 函式**

▶　語法：COUNTIF (range, criteria)

▶　說明：以下表格為函式中的引數說明：

引數名稱	說明
Range	計算指定條件儲存格的範圍
Criteria	此為比較條件，可為數值、文字或是儲存格。如果直接點選儲存格則表示選取範圍中的資料必須與儲存格吻合；如果為數值或文字則必須加上雙引號來區別

10-7-2　顯示成績合格與不合格人數

　　瞭解 COUNTIF() 函式之後，接下來就以實例來說明。

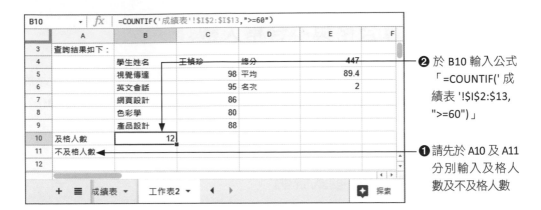

❷ 於 B10 輸入公式「=COUNTIF(' 成績表 '!$I$2:$I$13,">=60")」

❶ 請先於 A10 及 A11 分別輸入及格人數及不及格人數

輸入完公式後，就可以在 B12 儲存格出現合格人數。至於不合格人數的作法與上述步驟雷同，只要在步驟 6 將引數 Criteria 欄位中的值改為「"<60"」，即可。其成果如下圖：

11

最強 Google
簡報實戰心法

　　「簡報」這個名詞，在現今的社會普遍被使用，它意味著演講者必須面對聽眾，將想要表達的思想與創意，忠實地傳達給聽眾知道，同時又必須掌握聽眾的反應，設身處地以聽眾的立場做考量，使他們能產生興趣，並進而獲得利益。

工商業場合發表經常以簡報來輔助行銷

　　由於簡報的目的就是讓聽眾能夠認可您的想法，進而購買產品、獲得新知、或是得到標案，因此簡報已被運用到各種的場合上，舉凡在商場上、職場上、學術上、生活上，都有機會上台簡報，將自己的理想信念、工作進度、產品行銷或服務項目，傳達給與會的人知道。

　　在日常生活裡，簡報也可以當作是個人行銷的工具，諸如：畢業學生找尋工作，可以透過簡報來介紹個人的學經歷與專長，加上個人作品的介紹與串接，也可以聲光俱現的方式來加深雇主的印象。簡報經常被應用在商場、職場、學術、生活上，目的是讓聽眾能夠認可您的想法，進而購買產品、獲得新知，抑或是得到標案。簡報也能結合文案綱要、表格、圖片、繪圖、視訊等多項元素，透過這些元素的綜合運用，來完整表達演講者的意念或思想。

11-1 開始製作簡報

我們首先將介紹功能完備的 Google 簡報，它是 Google 所開發的免費簡報編輯程式，可提供使用者做簡報的編輯，不但不需要花錢去購買昂貴的簡報製作軟體，而且儲存檔案也不需要硬碟，只要連上網路雲端硬碟，就能在網路上讀取檔案，或作編修、簡報播放等，還可以跟其他人一起共用檔案，相當的方便。各位要使用 Google 簡報並不困難，因為它的操作方式和微軟的 PowerPoint 軟體雷同，只不過是透過雲端來編輯簡報而已，各位只要會從瀏覽器上開啟 Google 的「簡報」應用程式，就可以進行教材的準備。當各位開啟 Google Chrome 瀏覽器後，由視窗右上角按下「Google 應用程式」 鈕，就可以看到「簡報」的圖示，點選該圖示即可啟動該應用程式。

❶ 按此鈕

❷ 點選「簡報」圖示鈕

按此鈕會顯示主選單，可切換到文件、試算表或表單

簡報主畫面顯示曾經開啟或編輯過的簡報

按此鈕建立新文件

11-1-1　管理你的簡報

進入簡報主畫面後，各位可以看到許多簡報縮圖，這是你曾經開啟或編輯過的簡報，簡報除了顯示縮圖與名稱外，還會顯示你開啟的時間。另外，你可以透過圖示鈕來區分出哪些是 PowerPoint 簡報檔，哪些是 Google 簡報。

對於曾經編輯過或開啟過的簡報，按下簡報縮圖右下角的 ⁝ 鈕，可進行重新命名、移除、或是離線存取等動作，方便各位管理你的簡報檔案。

11-1-2　建立 Google 新簡報

在「簡報」首頁畫面的右下角按下 ⊕ 鈕會進入「未命名簡報」，各位只要在左上角的「未命名簡報」處輸入名稱，就會自動儲存簡報內容。

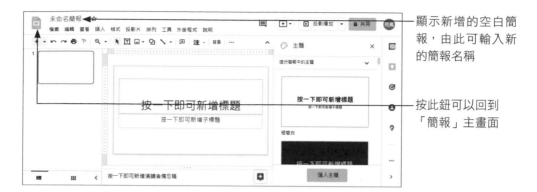

顯示新增的空白簡報，由此可輸入新的簡報名稱

按此鈕可以回到「簡報」主畫面

　　如果視窗中已有編輯的文件，想要重新建立一個新文件，可從「檔案」功能表下拉選擇「新文件」指令，再從副選項中選擇「簡報」指令即可。

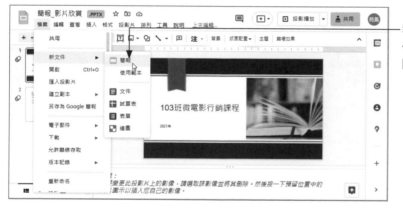

執行「檔案 / 新文件 / 簡報」指令可開啟空白的簡報

11-1-3　開啟現有 PowerPoint 簡報

　　假如以往的教學簡報是在 PowerPoint 軟體中製作，你也可以直接將 PPT 簡報直接開啟，執行「檔案 / 開啟」指令後可從雲端硬碟開啟檔案，如果簡報檔在你的電腦中，可利用「上傳」功能將簡報開啟。方式如下：

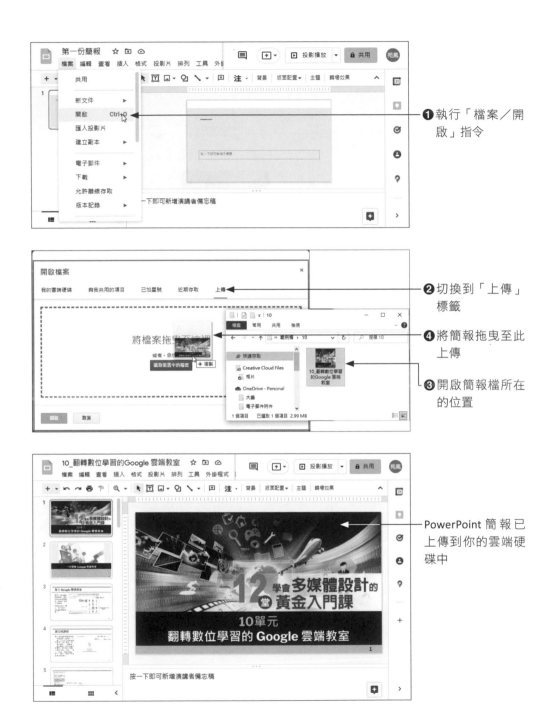

❶執行「檔案／開啟」指令

❷切換到「上傳」標籤

❹將簡報拖曳至此上傳

❸開啟簡報檔所在的位置

PowerPoint 簡報已上傳到你的雲端硬碟中

　　PowerPoint 簡報的教學內容假如只是單純的簡報，在 Google 簡報中進行是沒有問題的，如果你在 PowerPoint 中加入許多的動畫或特效，而這些效果是 Google 簡報中所沒有的功能，那麼它會在視窗上方顯示黃底黑字的警示，點選該警示可查看詳細的資料。

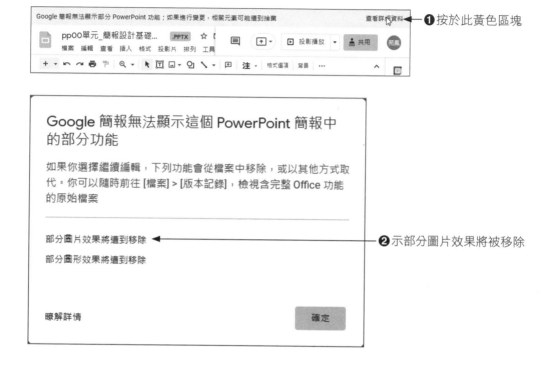

❶按於此黃色區塊

❷示部分圖片效果將被移除

11-1-4　語音輸入演講備忘稿

　　在「Google 簡報」中如果需要加入備忘稿的資料，可以選用語音輸入的方式，這樣就不用一個字一個字慢慢輸入，節省許多時間。使用前請先將麥克風插至電腦上，接著點選簡報下方的「演講者備忘稿」窗格，即可選用「工具 / 使用語音輸入演講者備忘稿」指令。

❷執行「工具／使用語音輸入演講者備忘稿」指令

❶點選「演講者備忘稿」窗格

❸按此鈕開始對著麥克風說話

❺錄製完成按此鈕關閉

❹說話過程中，文字就會自動顯現

11-2　簡報教學技巧

例如老師可以利用 Google 簡報，將製作好的簡報內容放映出來，這樣上課時就不用辛苦的寫板書，而且教材規劃完成，只要製作一次就可以給多個班級使用，數位教材對老師來講可說是一舉數得，越教就越輕鬆。此處我們介紹幾個功能，讓各位可以輕鬆用簡報來進行教學。

11-2-1　從目前投影片開始播放簡報

在開啟簡報檔後，按下右上角的 ▷ 鈕，會從目前的投影片開始播放。

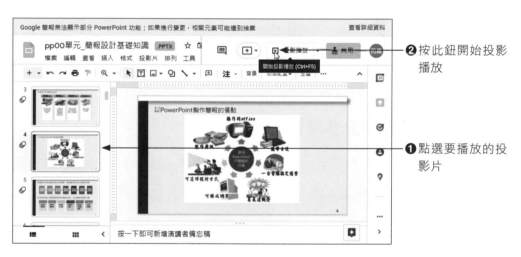

❷按此鈕開始投影播放

❶點選要播放的投影片

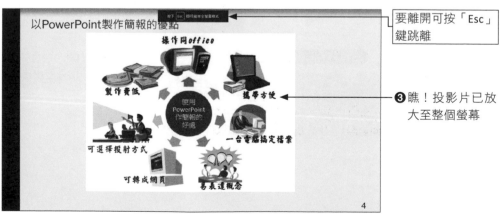

要離開可按「Esc」鍵跳離

❸瞧！投影片已放大至整個螢幕

11-2-2 　從頭開始進行簡報

如果想要從頭開始進行簡報的播放，可由「投影播放」後方按下拉鈕，再下拉選擇「從頭開始」指令。

❶ 按此下拉鈕

❷ 選擇「從頭開始」指令

11-2-3 　在會議中分享簡報畫面

在會議進行時，除了從 Google Meet 中選擇以「分頁」方式分享螢幕畫面外，也可以在會議進行中從 Google「簡報」右上方按下 ⬆️▾ 鈕來分享畫面。

❶ 開啟簡報檔後，按此下拉鈕

❷ 選擇「在會議中分享分頁畫面」

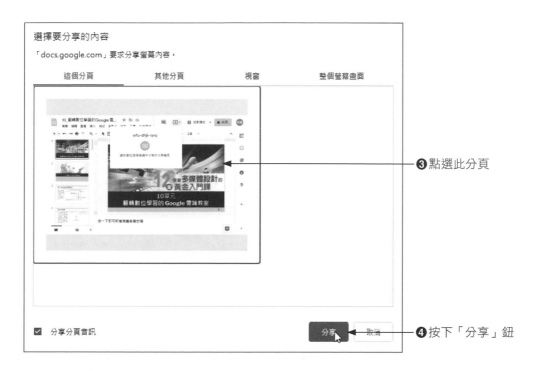

❸ 點選此分頁

❹ 按下「分享」鈕

　　按下「分享」鈕後，你和參加人員的 Google Meet 就會看到分享的畫面，這時候在 Google 簡報上按下「投影播放」鈕並下拉選擇「從頭開始」鈕，就可以進行簡報的教學。

❶ 按此鈕

❷ 選此項開始簡報教學

11-2-4 會議中停止簡報共用

進行簡報教學時，主講者只要專注在簡報畫面進行講解即可，你也可以將兩個分頁並列，從 Google Meet 視窗查看分享頁面的效果，也可以查看其他人狀況與進行即時通訊。等完成簡報教學時，在 Google Meet 或 Google 簡報上方都可以按下「停止共用」鈕停止簡報的分享。

任一視窗按下「停止共用」鈕可停止共用

Google Meet 和 Google 簡報並列，可同時查看畫面效果

11-2-5 開啟雷射筆進行講解

進行簡報教學時，如果想針對重點處進行說明，可在左下角按下「開啟選項選單」⋮ 鈕，再選擇「開啟雷射筆」指令，這樣再移動滑鼠就會看到火紅的線條跟著移動。如果覺得這樣切換很麻煩，可快按「L」鍵來開啟或隱藏雷射筆的功能。如下圖所示：

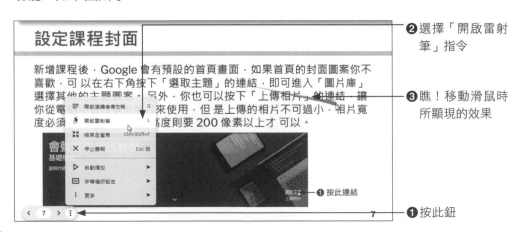

❷ 選擇「開啟雷射筆」指令

❸ 瞧！移動滑鼠時所顯現的效果

❶ 按此連結

❶ 按此鈕

11-2-6　以「簡報者檢視」模式進行教學

　　在進行簡報播放時，各位還可以選擇以「簡報者檢視」的模式來進行教學，這種方式會在主講者的電腦上顯示演講者備忘稿，方便主講者知道此投影片要介紹的內容，同時可看到前 / 後張投影片的縮圖。

❷ 按此鈕

❸ 執行「簡報者檢視」指令

❶ 預先利用「工具／語音輸入演講者備忘稿」指令，輸入講課的重點

由此下拉可快速切換到其他投影片

❹ 自動切換到「演講者備忘稿」標籤，老師可同時看到備忘稿、投影片畫面以及上／下一張投影片縮圖

　　至於在學生端的螢幕畫面只會看到該張投影片的內容，並不會顯示備忘稿的文字喔！

學生端所看到的簡報
畫面

11-2-7 自動循環播放簡報

對於簡報內容講解完成後，各位也可以利用「自動循環播放簡報」的功能，來讓大家進行複習，對於有些語言教學或是跟記憶有關的課程，可以利用此功能來加強印象。

請在簡報播放時，由左下角按下「開啟選項選單」⋮鈕，再選擇「自動播放」指令，接著在副選項中選定時間長度，勾選底端的「循環播放」，再選擇「播放」指令，這樣就可以開始自動播放簡報，如果要跳離自動播放，可按下「Esc」鍵。

❺ 點選此指令，開始
自動播放

❸ 勾選時間長度

❷ 選擇「自動播放」

❹ 勾選「循環播放」
指令

❶ 按此鈕

11-2-8　下載簡報內容給參加者

　　製作的簡報如果有少部分內容需要給參加者作參考，主講者可以指定投影片的位置，利用「檔案 / 下載」指令，再選擇 JPEG 圖片或 PNG 圖片的格式先下載圖片，屆時再傳檔案給學生即可。

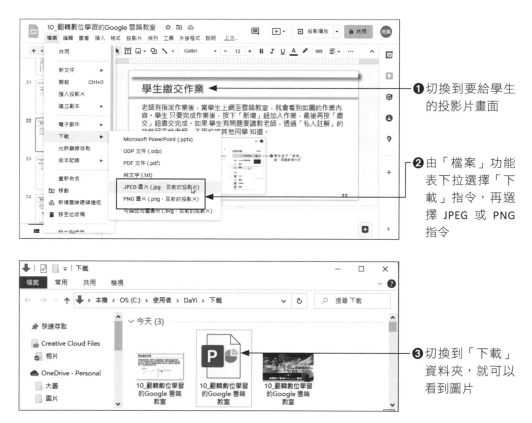

❶切換到要給學生的投影片畫面

❷由「檔案」功能表下拉選擇「下載」指令，再選擇 JPEG 或 PNG 指令

❸切換到「下載」資料夾，就可以看到圖片

　　如果整個簡報內容都要給大家複習，也可以選擇「檔案 / 下載 /PDF 文件」指令或「檔案 / 下載 /Microsoft PowerPoint」指令先將檔案下載下來。選擇 PDF 文件格式，則任何平台都可以看到與助講者完全相同的內容，不會因為電腦中沒有該字體而顯示錯誤，對於主講者的教材也有保護的作用，避免他人將教材挪作他用。

11-2-9　為簡報建立副本

　　除了利用「檔案 / 下載」功能，將目前投影片或整個簡報內容給參加者學習外，如果只有特定的章節內容要給參加者學習，也可以選擇「建立副本 / 選取的投影片」指令來建立副本。

❶ 由左側先選取部分單元

❷ 執行「檔案「建立副本／選取的投影」指令

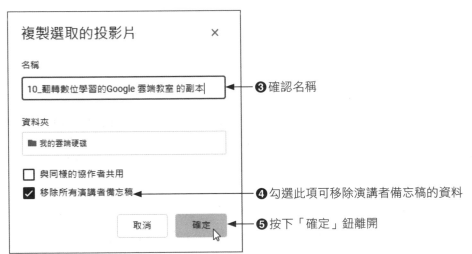

❸ 確認名稱

❹ 勾選此項可移除演講者備忘稿的資料

❺ 按下「確定」鈕離開

11-2-10　共用簡報

　　簡報要與他人共用與分享，可以按下右上角的　🔒 共用　鈕，你可以直接輸入共用者的電子郵件，另外也可以複製連結的網址，再將連結網址貼給你的參加者即可。在複製連結時，最好設定「知道連結的使用者」都為「檢視者」，如此一來才不會不斷收到他人要求許可的通知喔！

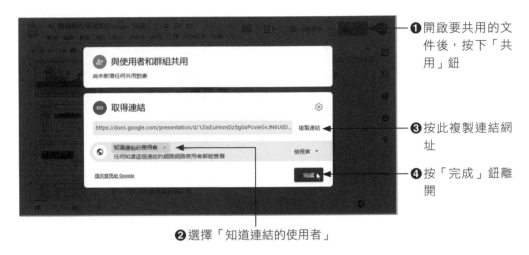

❶ 開啟要共用的文件後，按下「共用」鈕

❸ 按此複製連結網址

❹ 按「完成」鈕離開

❷ 選擇「知道連結的使用者」

11-3　主題式簡報輕鬆做

　　接下來我們將針對 Google 簡報常用的製作技巧做說明，讓各位可以快速套用主題範本、插入圖文、匯入 PowerPoint 投影片、設定轉場切換、加入物件動畫效果、插入影片等功能，讓各位在製作課程內容時得心應手。首先我們針對主題範本的使用與版面配置作介紹，讓各位輕鬆擁有美美的視覺效果與版面配置。

11-3-1 快速套用 / 變更主題範本

各位在新增空白簡報後,可以根據此次的簡報主題來選擇適合的主題背景。請由右側的「主題」窗格選擇要套用的範本,即可看到效果。你也可以上傳喜歡的範本主題,按下「匯入主題」鈕可由「上傳」標籤將檔案匯入。

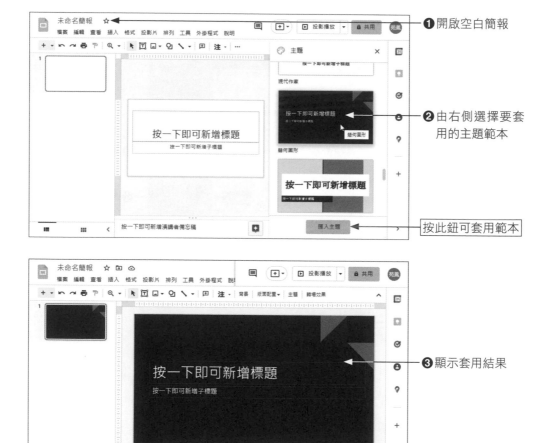

❶ 開啟空白簡報

❷ 由右側選擇要套用的主題範本

按此鈕可套用範本

❸ 顯示套用結果

在套用主題範本後,如果右側的「主題」窗格已被關閉,想要重新選擇新的主題範本,可執行「投影片 / 變更主題」指令,就可以再次顯現「主題」窗格來進行重選。

執行此指令開啟「主題」窗格

11-3-2　新增／變更投影片版面配置

選定主題範本後，可以開始編輯投影片內容。只要在現有的文字框中輸入標題、副標題即可，若要新增投影片與配置，可從左上角的「+」鈕下拉進行新增和選擇所需的版面配置。

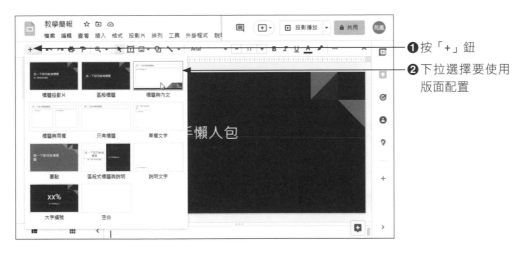

❶按「+」鈕
❷下拉選擇要使用版面配置

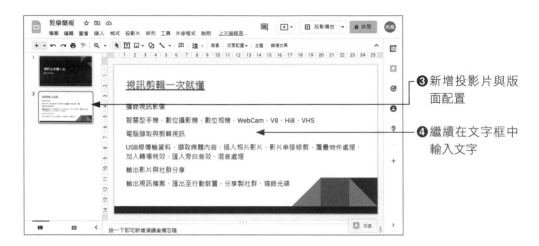

❸新增投影片與版
　面配置

❹繼續在文字框中
　輸入文字

版面配置如果需要進行變更,可以執行「投影片 / 套用版面配置」指令,再從縮圖中選擇所需的配置。

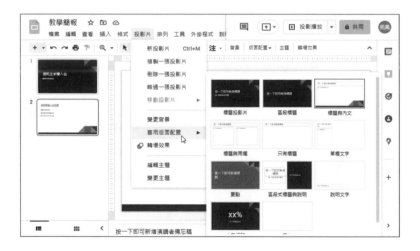

11-3-3　變更文字格式

想要讓教學內容有大小階層的變化,文字有主從關係,或是想設定文字格式,可以從「格式」功能表下拉選擇「文字」、「對齊與縮排」、「行距及段落間距」、「項目符號和編號」等副選項來進行調整。

另外，你也可以直接在其工具列上進行選擇，舉凡文字大小、格式、色彩、縮排、行距、對齊等都可以設定。

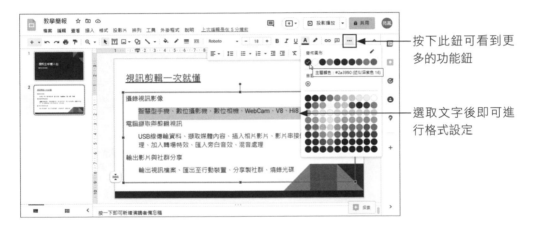

按下此鈕可看到更多的功能鈕

選取文字後即可進行格式設定

11-3-4　插入各類型物件及文字藝術

在 Google 簡報中，使用者可以自行插入圖片、表格、影片、文字框、圖表等各類型的物件來增加簡報的豐富性。要插入各類型的物件，只要由「插入」功能表中選擇要插入的項目即可辦到。

簡報中要插入圖片，可選擇上傳電腦中的圖片、搜尋網路、雲端硬碟、相簿、相機、或是使用網址上傳，這些插入方式和之前 Google 文件中介紹插入的圖片素材的方式相同。

另外，簡報中也可以插入具有特色的藝術文字來當作標題，執行「插入 / 文字藝術」指令，即可在輸入框中輸入文字，而透過工具列可設定文字的色彩、框線、字型等格式。插入文字藝術的方式如下：

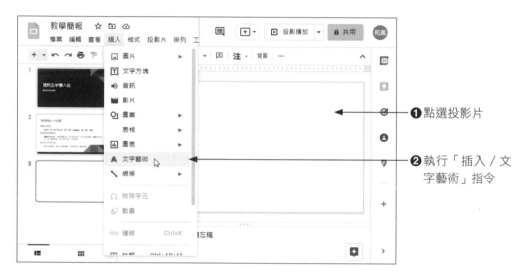

❶點選投影片

❷執行「插入 / 文字藝術」指令

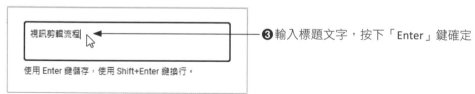

❸輸入標題文字，按下「Enter」鍵確定

❺ 由此列設定文字
顏色、框線、及
字型格式

❹ 顯示加入的藝術
文字

11-3-5　匯入 PowerPoint 投影片

從無到有製作簡報是比較花費時間的，如果你已經有現成的 PowerPoint 簡
報，也可以考慮直接將簡報匯入至 Google 簡報中使用。執行「檔案 / 匯入投影
片」指令，即可選擇要上傳的投影片。

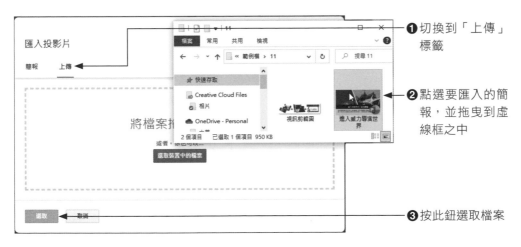

❶ 切換到「上傳」
標籤

❷ 點選要匯入的簡
報，並拖曳到虛
線框之中

❸ 按此鈕選取檔案

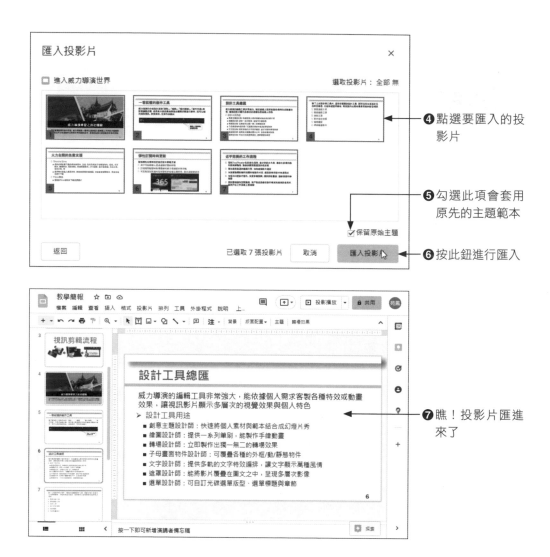

❹ 點選要匯入的投影片

❺ 勾選此項會套用原先的主題範本

❻ 按此鈕進行匯入

❼ 瞧！投影片匯進來了

11-4 設定多媒體動態簡報

簡報內容製作完成後，如果播放過程中能夠加入一些動態效果，這樣可以吸引學生的注意力，所以這裡也會一併作說明。

11-4-1　設定轉場切換

　　要讓投影片和投影片之間進行切換時，可以顯現動態的轉場效果，可以由「查看」功能表中選擇「動畫」指令，它就會在右側顯示「轉場效果」的窗格。只要點選投影片，再下拉設定轉場效果類型，按下「播放」鈕即可看到變化。

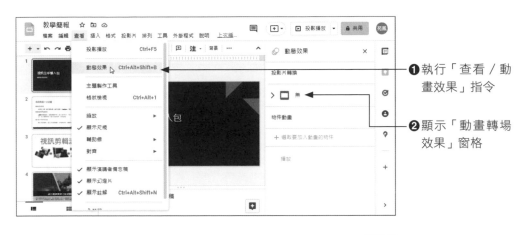

❶ 執行「查看 / 動畫效果」指令

❷ 顯示「動畫轉場效果」窗格

❸ 下拉選擇效果類型

❹ 設定時間快慢

❺ 按「播放」鈕觀看效果

　　按「播放」鈕觀看效果後，必須按「停止」鈕才能停止預覽。另外，相同的轉場效果如果要套用到整個簡報中，可直接按下「套用到所有投影片」鈕。

11-4-2　加入物件動畫效果

除了投影片與投影片之間的換片效果外，你也可以針對個別的物件，諸如：標題、內文、圖片、表格等物件進行動畫效果的設定。只要先選定好要進行設定的物件，再從右側窗格中按下「新增動畫」鈕即可進行設定。

❶選取物件

❷按下「新增動畫」鈕

❸下拉選擇動畫類型

❹下拉設定開始的條件

❺設定時間的快慢程度

❻依序設定圖片與標題的動畫效果，設定的項目就會顯示在窗格當中

特別要注意的是，「開始條件」的選項包含如下三種，這裡簡要說明：

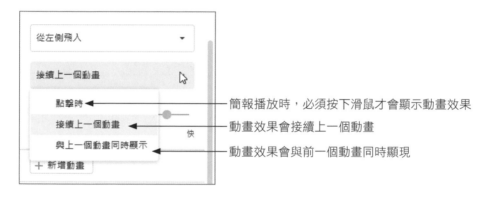

簡報播放時，必須按下滑鼠才會顯示動畫效果

動畫效果會接續上一個動畫

動畫效果會與前一個動畫同時顯現

11-4-3　調整動畫先後順序

物件加入動畫效果後，如果需要調整它們的出現的先後順序，只要按住動畫項目然後上下拖曳，就可以變更播放的順序。

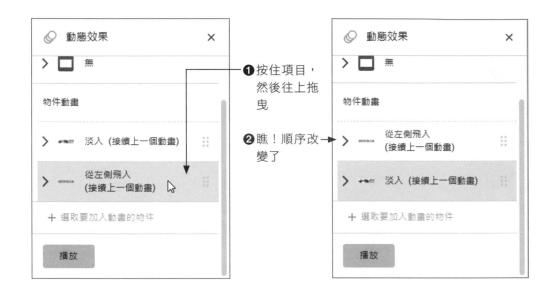

11-4-4　插入與播放影片

各位介紹時如果希望有影片輔助説明，可執行「插入 / 影片」指令來插入 YouTube 影片或是你雲端硬碟上的影片。另外，你也可直接輸入關鍵字，這樣就可以從 YouTube 網站上直接搜尋到適合的教學影片。

❑　搜尋 YouTube 影片

❑ 插入 YouTube 影片網址

❶ 輸入影片網址

❷ 按「選取」鈕即
　可將影片加入到
　投影片中

❑ 從雲端硬碟插入影片

❶ 從雲端硬碟上點
　選已上傳的影片

❷ 按此鈕選取並上
　傳

影片插入至投影片後，可從右側的「格式選項」來設定播放的方式，另外還包含大小和旋轉、位置、投影陰影等設定。

影片播放的方式有三種，「播放（點擊）時」和「播放（手動）」是選擇按下影片時再進行播放，「播放（自動）」則是進入該投影片時就會自動播放影片內容。

11-4-5　插入音訊

主講者可以在標題投影片上放入美妙的背景音樂，讓參加者在上課前有愉悅的心情，進入正題後再自動關掉背景音樂，也可以讓整堂課都有好聽的音樂陪伴。要達到這樣的效果，可以先將準備好的音樂上傳到個人的雲端硬碟上，再執行「插入 / 音訊」指令就可辦到。

❶點選第一張投影片

❷執行「插入／音訊」指令

❸從「我的雲端硬碟」標籤中點選檔案

❹按下「選取」鈕

❺顯示插入的音檔
　圖示

❻點選「自動」,
　讓聲音自動播放

❼勾選此二項,讓
　播放時隱藏圖
　示,且音樂循環
　播放

　　設定完成後,播放簡報時就會自動循環播放背景音樂,直到主講者切換到下一張投影片時,音樂就會自動停止。如果主講者希望整個簡報都要有背景音樂陪襯,則請取消「投影片變更時停止」的選項即可。

✅ 進行簡報時隱藏圖示
✅ 循環播放音訊
☐ 投影片變更時停止

最霸氣的 YouTube 影音社群饗宴

隨著早期影音部落格的大量興起，現在大家都喜歡看有趣的影片，影音視覺呈現更能有效吸引大眾的眼球。根據 Yahoo 的最新調查顯示，平均每月有 84% 的網友瀏覽線上影音、70% 的網友表示期待看到專業製作的線上影音。

YouTube 目前已成為全球最大的影音社群網站

YouTube 是目前設立在美國的一個全世界最大線上影音網站，在 YouTube 上有超過 13.2 億的使用者，每天的影片瀏覽量高達 49.5 億次，使用者可透過網站、行動裝置、網誌、社群網站和電子郵件來觀看、分享各種五花八門的影片。自從 2006 年 YouTube 被 Google 收購後，影片也更容易被納入 Google 搜尋結果，而 YouTube 也成為 Google 最重要的雲端服務之一。目前全球使用者每日觀看 YouTube 影片的總時數約有上億小時，已成為現代人生活中不可或缺的重心。

12-1 進入 YouTube 的異想世界

隨著智慧型手機蓬勃發展後，「看影片」與「錄影片」變得如同吃飯、喝水一般簡單，YouTube 是全球最大的線上影片服務提供商，使用者可透過網站、行

動裝置、網誌、臉書和電子郵件來觀看分享各種五花八門的影片。如果 說 Google 是世界最大的網路知識百科全書,那麼 YouTube 就是最大的線上影音教學與娛樂平台了。如果各位想要進入 YouTube 網站,除了輸入它的網址外(https://www.YouTube.com/),或者登入 Google 帳戶,可以從 ⠿ 鈕下拉,直接進入個人的 YouTube。

登入個人 Google 帳戶

❶ 按此鈕

❷ 選擇 YouTube 應用程式

12-1-1　影片欣賞

當各位進入 YouTube 平台後,在左側的「首頁」會顯示 YouTube 為您推薦的影片,或是你有訂閱的影片,方便你快速觀賞。只要點選縮圖,即可進行觀賞。

❶ 點選喜歡的影片縮圖

❷ 影片播放中

12-1-2　全螢幕 / 戲劇模式觀賞

如果正在瀏覽有興趣的影片時，由於預設值的畫面周圍還有其他的資訊會影響觀看的效果，這時不妨選擇「戲劇模式」或「全螢幕模式」鈕來取得較佳的專心觀賞模式。

目前顯示為戲劇模式

按此鈕切換到全螢幕模式

按此鈕顯示戲劇模式

12-1-3　訂閱影音頻道

　　各位對於某一類型的影片或是針對某一特定人物所發佈的影片有興趣，可以考慮進行「訂閱」的動作，這樣每次有新影片發佈時，你就可以馬上觀看而不會錯過。

按此鈕進行訂閱

12-1-4　影片稍後觀看

　　有些影片看到正精彩的地方，卻臨時有事情要先處理，那麼可以從「儲存」的功能中選擇「稍後觀看」的選項，這樣等有空的時候再來欣賞。

❶ 按下「儲存」鈕

❷ 由快顯的清單中選擇「稍後觀看」

設定完成後，下回開啟 YouTube 網站，由左上角的 ☰ 鈕下拉，選擇「稍後觀看」的選項，就會看到先前所加入的影片。

❶ 按此鈕

❸ 這裡顯示先前未觀看完的影片

❷ 選擇「稍後觀看」的指令

12-1-5　影片搜尋技巧

在 YouTube 平台上，任何人都可以尋找有興趣的影片主題，要搜尋影片是相當簡單，只要輸入所要查詢的關鍵字，查詢結果會先跑出完全符合或部分符合關鍵字的影片。

❶在此輸入要搜尋的關鍵字

❷底下跑出一堆完全符合或部分符合關鍵字的影片！

如果想要更精確的搜尋結果，建議先輸入「allintitle:」，後面再接關鍵字，就會讓搜尋結果更符合你所要搜尋的結果。

12-1-6　自動翻譯功能

當觀看外國影片時，特別是非英語系的國家，可能完全都聽不懂它在講什麼。事實上 YouTube 有提供翻譯的功能，能把字幕變成你所熟悉的語言。以下以自動翻譯成繁體中文做說明。

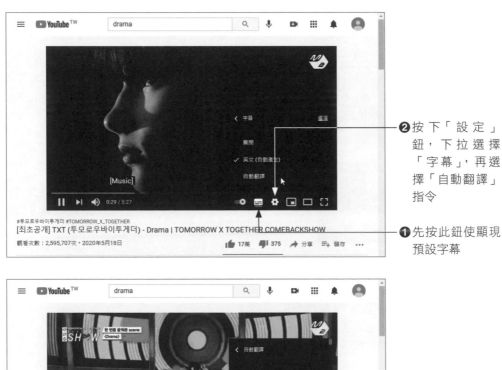

❷按下「設定」鈕，下拉選擇「字幕」，再選擇「自動翻譯」指令

❶先按此鈕使顯現預設字幕

❸再點選「中文（繁體）」的選項

❹ 字幕已變更為中文囉！

12-2 上傳影片

除了欣賞 YouTube 上面的各式各樣影片外，你也可以將自製的影片上傳到 YouTube 平台上與人分享。在上傳影片時，YouTube 還提供許多實用的後製功能，甚至可以為自製影片新增結束畫面與新增資訊卡，善用「結束畫面」可增加點閱率，同時建立忠實的觀眾，而「資訊卡」可宣傳影片或網站。如果你的影片是要進行品牌行銷，那麼這樣的功能千萬別錯過。

❏ 結束畫面

影片結束前，直接點選影片上的縮圖，就可以繼續觀看同品牌同類型的影片。

❑ 資訊卡

影片開始播放時在右上角會顯示建議的影片，滑鼠移入圖示時會顯示的提供者，而按下圖示鈕將顯示的影片資訊。

12-2-1　壓縮影片功能

　　各位使用視訊剪輯軟體所輸出的影片檔，通常檔案容量都非常大，以 1280 x 720 的影片尺寸為例，10 分鐘的影片大概就要 300 MB 以上，這樣的檔案量在上傳時要花費不少時間，而且不利用傳輸，所以最好能利用壓縮程式將檔案壓縮後再進行上傳。

　　各位不妨上網去搜尋 VidCoder 軟體，這是一款免費又好用的轉檔程式，而且支援多國語言，下載後進行安裝，再依照以下方式將檔案進行壓縮。

❶點選「開啟來源」，下拉選擇「開啟視訊檔」指令

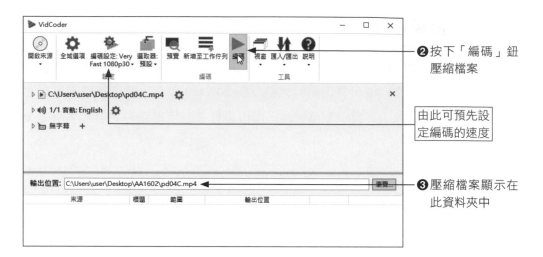

❷按下「編碼」鈕
壓縮檔案

由此可預先設
定編碼的速度

❸壓縮檔案顯示在
此資料夾中

300 MB 的影片經過壓縮後，就只有 20 MB 左右，各位不妨多加利用，以便網路上的傳輸。

12-2-2 上傳影片初體驗

請登入 Google 個人帳戶，並選擇進入 YouTube 程式後，由右上角按下 ▣◀ 鈕即可進行影片的上傳。上傳影片之前，有幾項設定內容先跟各位做説明：

❑ 標題／説明

上傳時您需要輸入影片的「標題」和「説明」文字，説明文字是影片的關鍵字，讓觀眾可以透過搜尋功能找到你的影片，因此盡可能將關鍵字放在説明文字的最前面。「標題」和「説明」的資訊有助於觀眾較容易搜尋到你的影片。

❑ 影片縮圖

上傳影片時，通常 YouTube 會自動由影片中生成三個縮圖供您選用，你可以直接點選縮圖來表達你的影片內容，萬一自動生成的三個縮圖都無法表達影片主題，就可以透過「上傳縮圖」鈕來上傳合適的圖片。

❏　播放清單

所謂的「播放清單」就是影片的合輯，你可以指定影片顯示在某特定的播放清單之中，讓觀眾更快速找到你的內容。只要點選「播放清單」鈕進入選單中，就可以「新增播放清單」或是在已加入的清單中進行勾選。

❏　目標觀眾

確認你的影片是否是為兒童所打造的影片。如果影片設成「為兒童打造」，當觀眾在收看其他適合兒童觀看的影片時，系統就比較有可能推薦你的影片，但是為兒童打造的影片就無法使用個人化和通知的功能。

❏　標記

如果觀眾經常使用錯別字搜尋你的影片，可利用「標記」來增加觀眾找到影片的機率，否則標記對影片的曝光率沒有太大助益。

❏　語言與字幕

選擇影片使用的語言，也可以進行字幕的上傳。

❏　授權和發布

設定授權的類型和發布方式。在授權部分有「標準 YouTube 授權」和「創用 CC- 姓名標示」兩種，通常都是選用前者。而發布可設定是否允許他人在網站上嵌入你的影片，或是發布至訂閱內容動態消息並通知你的訂閱者。用戶可依照喜好進行勾選。

了解以上幾個重點後，接著示範上傳影片的整個過程。

❶ 按此鈕

❷ 選擇「上傳影片」

❸ 將壓縮後的影片
   檔拖曳至此鈕中

也可以按此鈕
選取影片檔

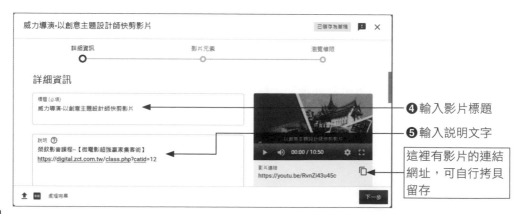

❹ 輸入影片標題

❺ 輸入說明文字

這裡有影片的連結
網址,可自行拷貝
留存

沒有合適的縮圖就
按此鈕上傳圖片

❻點選適合的縮圖

❼按此設定所屬的
播放清單

❽設定是否為兒童
打造的影片

❾設定是否僅限成
人觀眾受看的影
片

❿設定是否為付費
宣傳

⓫自行加入標記文
字

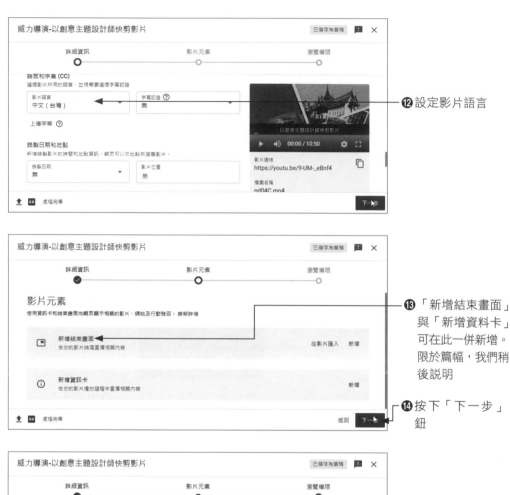

⑫ 設定影片語言

⑬「新增結束畫面」與「新增資料卡」可在此一併新增。限於篇幅，我們稍後說明

⑭ 按下「下一步」鈕

⑮ 設定是否公開發布，或僅為私人影片

⑯ 按下「發布」鈕發佈影片

❶ 按「關閉」鈕關閉視窗

12-2-3 YouTube 工作室

　　在「我的頻道」中，各位會看到一個藍色按鈕，可以讓你隨時掌握 YouTube 的最新動態，YouTube 工作室可以形容是創作者的全新園地。無論是管理內容、推動頻道成長、賺取收益、上傳新影片或進行直播與觀眾交流互動或，甚至幫助影片創作者管理他們的影片及留言，全部都能在這個地方完成。按下該鈕可進一步了解你的頻道的狀況，如下所示：

← 按此鈕

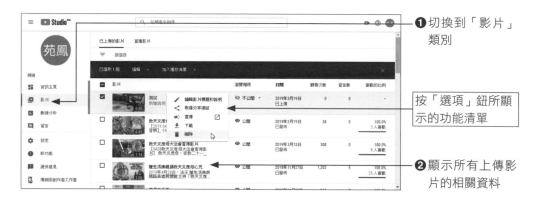

❶切換到「影片」類別

按「選項」鈕所顯示的功能清單

❷顯示所有上傳影片的相關資料

　　所上傳的影片可設定為「公開」或「不公開」，上傳之後的影片如需變更標題或說明，或是要進行下載、刪除，都可在影片後方按下「選項」 鈕進行選擇。影片若設為「不公開」，那麼影片不會顯示在頻道頁面的「影片」標籤上，也不會出現在搜尋結果中，除非你將這部影片新增至公開的播放清單中。「不公開」的影片若要變更為「公開」，可從「瀏覽權限」的欄位進行變更即可。

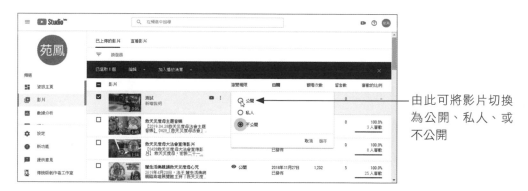

由此可將影片切換為公開、私人、或不公開

12-2-4　編修影片 DIY

　　當各位完成上的步驟，各位自製的影片就上傳成功，你可以在自己的頻道中看到所有你所上傳的影片。對於影片的所有資訊，如果事後需要進行編修調整，或是想新增資料卡和新增結束畫面，可透過以下方式來處理：

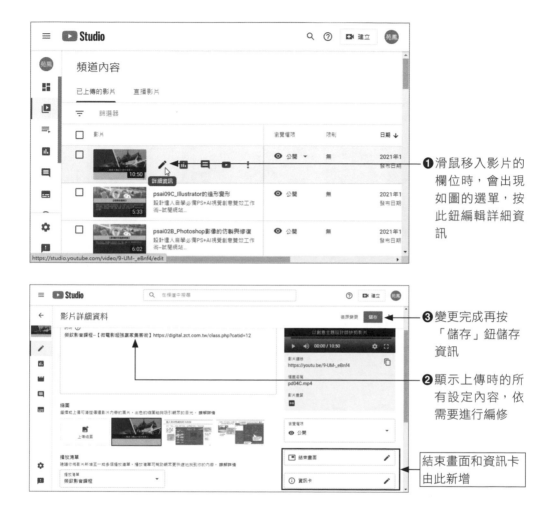

❶ 滑鼠移入影片的欄位時，會出現如圖的選單，按此鈕編輯詳細資訊

❸ 變更完成再按「儲存」鈕儲存資訊

❷ 顯示上傳時的所有設定內容，依需要進行編修

結束畫面和資訊卡由此新增

12-2-5　新增結束畫面

　　各位在觀看 YouTube 影片時，有時會在影片的最後看到如下的結束畫面，結束畫面會出現可以點選的連結，如果想要讓觀眾連結到另一個影片或是讓人訂閱你的頻道，那麼結束畫面是一個非常有用的工具，透過這樣的畫面可以方便觀賞者繼續點閱相同題材的影片內容。

影片結束前,直接點選影片圖示,就可繼續觀看同品牌的影片

　　當你擁有品牌帳戶與個人頻道後,在你上傳宣傳影片時,可以在如下的步驟中點選「新增結束畫面」的功能來做出如上的版面編排效果。

新上傳的影片,可在此處加入影片的結束畫面

　　「新增結束畫面」是 YouTube 新推出的功能,對於商家或品牌行銷來說是一大利多。除了新上傳的影片可以加入影片結束畫面外,以前所上傳的影片也可以事後再進行加入。如果你想為已經在頻道中的影片加入結束畫面,可以透過以下的技巧來處理。

❶ 按此鈕下拉選擇
「您的頻道」，
使顯現如圖畫面

❷ 點選要加入結束
畫面的影片縮圖

在影片下方按下
「編輯影片」鈕，
使進入「影片詳細
資料」的畫面

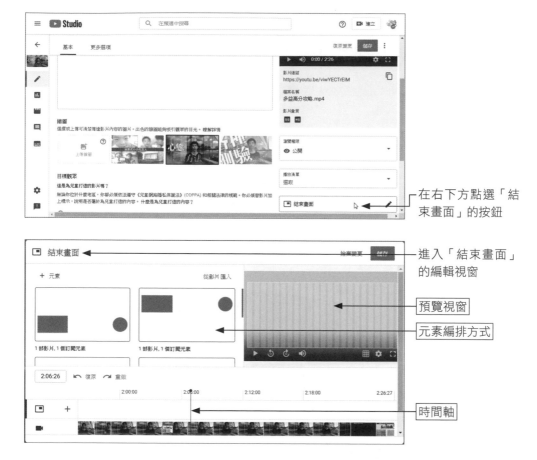

在右下方點選「結束畫面」的按鈕

進入「結束畫面」的編輯視窗

預覽視窗

元素編排方式

時間軸

各位可以看到，左上角提供各種的元素編排版面可以快速選擇，下方是時間軸，也就是影片播放的順序和時間，你可以指定元素要在何時出現，而右上方則是預覽畫面，可以觀看放置的位置與元素大小。

在元素部分，你可以選擇最新上傳的影片、最符合觀眾喜好的影片，或是選擇特定的影片，至於「訂閱」鈕它會以你品牌帳號的大頭貼顯示，所以不用特別去做設計。

此處要示範的是：在片尾處加入一個播放影片和一個訂閱元素。

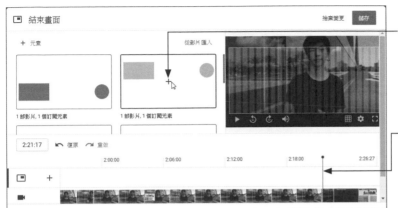

❷ 選擇想要呈現的
版面配置，使之
加入至預視窗中

❶ 拖曳此線，使顯
現在影片將要結
束的地方（也就
是元素要出現的
位置）

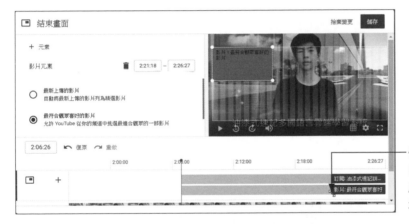

依序將此二時間軸
由左向右拖曳至此
處，使顯現在要顯
示的時間上

點選「訂閱」圖示
可以調整擺放的位
置

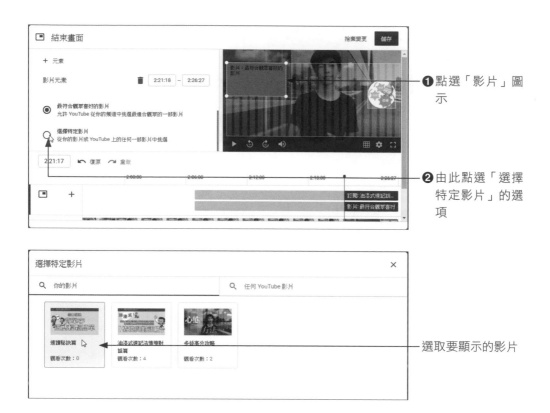

❶ 點選「影片」圖
　示

❷ 由此點選「選擇
　特定影片」的選
　項

選取要顯示的影片

設定完成按「儲存」
鈕

設定完成後，影片結束之前就會顯現你所設定的影片和「訂閱」鈕，讓喜歡你影片的粉絲可以訂閱你的頻道。

12-2-6　資訊卡的魅力

YouTube 推出了「資訊卡」，相當於強化版的註釋功能，能夠讓你在影片裡面直接置入對外連結，不僅可以放更多精彩的圖文內容，行動裝置瀏覽時也可以看到點選，讓你的影片添加更多具有潛在目標的視覺化組件。資訊卡是在影片的右上角出現 🛈 的圖示，點選可以看到說明的資訊，如下圖所示。透過資訊卡可以連結到宣傳的頻道、影片、播放清單，或者能獲得更多觀眾觀看的特定影片，甚至於是鼓勵觀眾進行多項選擇民意調查，不過其中連結網站必須有加入 YouTube 合作夥伴計畫才能使用。

資訊卡可以在你上傳新影片時加入，也可以事後再補上。這裡示範的就是事後加入資訊卡的方式，請在影片下方按下「編輯影片」鈕，使進入「影片詳細資料」的畫面，接著依照下面的步驟進行設定：

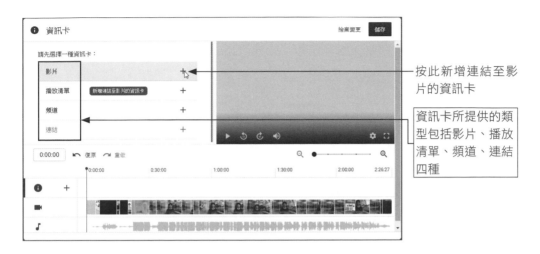

按此新增連結至影片的資訊卡

資訊卡所提供的類型包括影片、播放清單、頻道、連結四種

選取影片使之加入

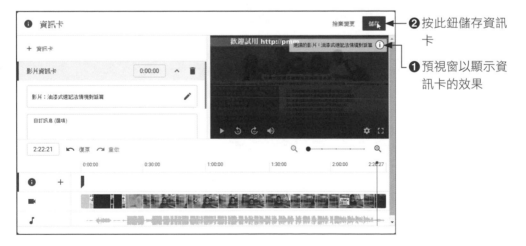

❷ 按此鈕儲存資訊卡

❶ 預視窗以顯示資訊卡的效果

　　設定完成後，當影片開始播放時，你就會看到資訊卡出現的三種畫面效果。如果各位在影片中有打算介紹其他影片，就可以新增推薦影片的資訊卡，最多可以在一支影片中添加五張資訊卡。

── 影片開始播放時所顯示的建議影片

── 滑鼠移入圖示時所顯示的提供者

── 按下圖示鈕顯示的影片資訊

12-2-7　建立播放清單

　　如果你希望你的粉絲有機會泡在頻道裡一整天，就可以試著建立「播放清單」！播放清單是用戶整理 YouTube 播放內容的好方法，可將頻道內的影片進行分類管理。比起單一影片，整個清單裡的影片將更有機會被搜尋到。冷門影片與熱片影片被放在同一個清單中，增加冷門影片被看到的機會，甚至可以嵌入你的網站中。

　　這些列表將有機會出現在 YouTube 的搜索結果中，當然名稱就很重要。此外，「資訊卡」也有提供「播放清單」的加入功能，建議各位使用這些卡片在影片中推薦其它影片、播放列表或者能獲得更多觀眾觀看的特定影片以達到蹭熱點的功用，這樣也可以讓訂閱者或是瀏覽者快速找到同性質的影片繼續觀賞。

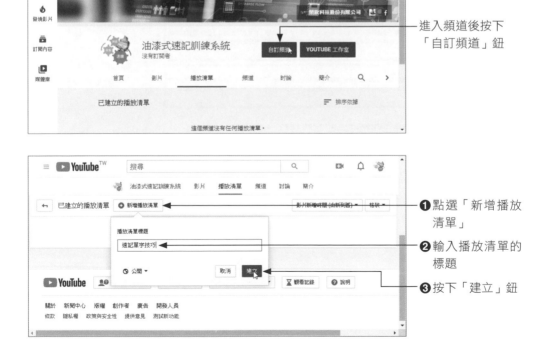

進入頻道後按下「自訂頻道」鈕

❶ 點選「新增播放清單」

❷ 輸入播放清單的標題

❸ 按下「建立」鈕

按此選項鈕，並執行「新增影片」指令

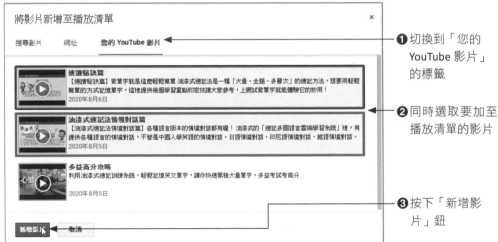

❶ 切換到「您的 YouTube 影片」的標籤

❷ 同時選取要加至播放清單的影片

❸ 按下「新增影片」鈕

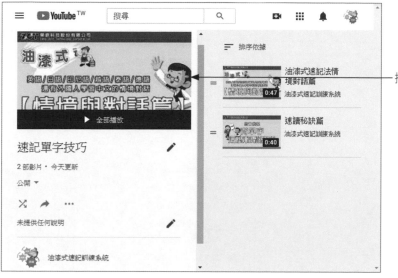

播放清單建立完成

13

點石成金的 Google SEO 集客行銷

上網搜集資訊是瀏覽者對網路的最大需求，除了一些知識或資訊的搜尋外，而這些資料尋找的背後，經常也會有其潛在的消費動機或意圖，Google 不僅僅是個威力強大搜尋引擎，還提供了許多超好用的工具，可以有效的利用搜尋引擎來進行網路行銷（Internet Marketing）和推廣。「搜尋引擎行銷」（Search Engine Marketing, SEM）指的是與搜尋引擎相關的各種直接或間接行銷行為，由於傳播力量強大，吸引了許多網路行銷人員與店家努力經營。廣義來説，也就是利用搜尋引擎進行網路行銷的各種方法，包括增進網站的排名、購買付費的排序來增加產品的曝光機會、網站的點閱率與進行品牌的維護。

> 網路行銷（Internet Marketing）或稱為數位行銷（Digital Marketing），本質上其實和傳統行銷一樣，最終都是為了影響目標消費者（Target Audience, TA），達成交易的目的。主要差別在於溝通工具的不同，網路行銷透過電腦與網路科技的數位整合，使文字、聲音、影像與圖片整合在一起，讓行銷標的變得更為生動、即時與多元。

13-1 網站登錄與流量分析

由於入口網站（Portal）提供各種豐富個別化的服務與導覽連結功能，同時也提供許多例如：搜尋引擎、免費信箱、拍賣、新聞、討論等服務，是進入 Web 的首站或中心點。當各位連上 Yahoo、Google、蕃薯藤、新浪網等網站時，可藉由分類選項來達到各位想要瀏覽的網站。除了獨立營運的網站之外，目前依附在入口網站下的購物頻道，也都有不錯的成績。

當網站製作好後，發現為什麼都搜尋不到？這時就得自已手動把網站登錄到個各個搜尋引擎中。如果想增加網站曝光率，最簡便的方法就是在知名的入口網

站中登錄該網站的基本資料，讓眾多網友可以透過搜尋引擎找到，這個動作就稱為「網站登錄」（Directory listing submission, DLS）。國內知名的入口網站如 PChome、Google、Yahoo! 奇摩等，都有提供網站登錄的服務。由於中國電商市場日益蓬勃，登錄時最好也考慮到廣大的中國市場，例如百度、360 搜索、搜狗搜尋等。一般來說，網站登錄是免費的，如果想要讓網站排名優先或是加快審核時間，可以透過付費的網站登錄。下表列出目前較具知名的入口網站供讀者參考：

網站登錄對於網路行銷非常有幫助

搜尋引擎	網址
Google	http://www.google.com.tw/
Yahoo! 奇摩	http://www.yahoo.com.tw
MSN Taiwan	https://www.msn.com/zh-tw
PChome Online	https://www.pchome.com.tw/
Hinet	https://www.hinet.net/
OpenFind	http://www.openfind.com.tw/
Yam 蕃薯藤	http://yam.com/
Sina 新浪網	https://www.sina.com.tw/
百度	http://www.baidu.com/
360 搜索	https://www.so.com/
搜狗搜索	https://www.sogou.com/

13-1-1　網路流量分析

行銷當然不可能一蹴可及，任何行銷活動都有其目的與價值存在，我們花費大量金錢與時間來從事網路行銷，最重要的當然是希望提高網站的流量。網路行銷首重流量，誰有流量誰就是贏家。無論行銷模式如何變，關鍵永遠都是流量；來店家網站逛的人多了，成交的機會相對就較大。

流量的成長是一個網站最基本的人氣指標，越來越多人習慣在 Google 和其他搜尋引擎尋找產品和服務，搜尋結果顯示的排名差距關乎搜尋曝光和流量的大小，也會影響用戶對店家的觀感評價。根據 Google 官方公布的數據，Google 在全球每天發生 40 億次以上搜尋行為，其中 35% 的購物行為，幾乎是從 Google 搜尋開始，這也是流量產生的最大來源。因為每一個流量的來源特性不一致，Google 將流量區分為以下五種模式：

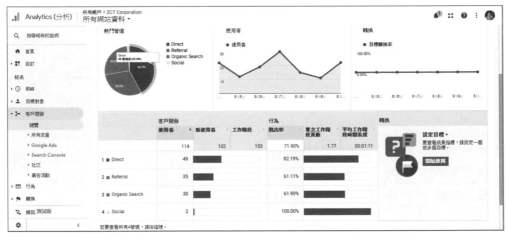

透過 Google Analytics 的「總覽」報表中可以看出各種流量管道的比重

❑ 自然搜尋流量（Organic Channel）

當流量是將來自搜尋引擎的流量，稱為自然搜尋流量，也就是每個流量都是從關鍵字來。例如來自於 Google、Yahoo、Bing 的自然搜尋，這些使用者可能

因為有某些需求，通常這類並不是透過廣告而自動上門的使用者，可能對你的網站的某一項產品或服務有較強烈的需求，所以才會自動找上門，這類使用者背後的購買動機通常較強烈，也較容易轉換為訂單，這一種類的流量又稱「隨機搜尋流量」。

❑ 付費搜尋流量（Paid Search）

這類管道和自然搜尋有一點不同，它不像自然搜尋是免費的，反而必須付費的，例如 Google、Yahoo 關鍵字廣告（如 Google Ads 等關鍵字廣告），讓網站能夠在特定搜尋中置入於搜尋結果頁面，簡單的說，它是透過搜尋引擎上的付費廣告的點擊進入到你的網站。

❑ 推薦連結流量（Referral Traffic）

如果用戶是透過第三方網站上的連結而連上你的網站，這類流量來源則會被認定為參照連結網址所帶來的流量，例如和第三方網站有交換免費的廣告連結，使用者透過這個廣告連結而拜訪你的網站，這類的流量來源就會被分類到推薦連結流量。

❑ 直接流量（Direct Traffic）

那些無法找到合適的流量來源的分類，則被稱為直接流量（Direct Traffic），例如直接輸入網址、透過 App 連結來開啟使用者網頁，或是直接透過瀏覽器所設定的超連結來連上我們所分析的網站。

❑ 社交媒體流量（Social Traffic）

社群（Social）媒體是指透過社群網站的管道來拜訪你的網站的流量，例如 Facebook、IG、Google+，當然來自社交媒體也區分為免費及付費，藉由這些管量的流量分析，可以作為投放廣告方式及預算的決策參考。

13-2 Google 運作原理

Google 搜尋引擎平時最主要的工作就是在 Web 上瀏覽爬行，並且索引數以千萬的網站文件、網頁、檔案、影片與各式媒體，也就是爬行網站（crawling）與建立網站索引（index）兩大工作項目，例如 Google 的 Spider 程式與爬蟲（web crawler），會主動經由網站上的超連結爬行到另一個網站，並收集該網站上的資訊，最後將這些網頁的資料傳回 Google 伺服器。

Google 就像是超級網路圖書館的管理員

請注意！當開始搜尋時，主要是搜尋之前建立與收集的索引頁面（Index Page），不是真的搜尋網站中所有內容的資料庫，而是根據頁面關鍵字與網站相關性判斷。一般來說會由上而下列出，如果資料筆數過多，則會分數頁擺放。接下來就是網頁內容做關鍵字的分類，再分析網頁的排名權重，所以當我們打入關鍵字時，就會看到針對該關鍵字所做的相關 SERP 頁面的排名。根據統計調查，Google 搜尋結果第一頁的流量佔據了 90% 以上，第二頁則驟降至 5% 以下。所謂搜尋引擎最佳化（SEO），也稱作搜尋引擎優化，是近年來相當熱門的網路行銷方式，就是一種讓網站在搜尋引擎中來提高 SERP 排名優先方式，目標就是要讓網站的 SERP 排名能夠到達第一。

> SERP（Search Engine Results Pag, SERP）就是經過搜尋引擎根據內部網頁資料庫查詢後，所呈現給用戶的自然搜尋結果的清單頁面，SERP 的排名當然是越前面越好，最好就是要讓網站的 SERP 排名能夠達到第一。

為了避免許多網站過度優化，搜尋演算機制一直在不斷改進升級，Google 有非常完整的演算法來偵測作弊行為，千萬不要妄想投機取巧。Google 的目的就是為了全面打擊惡意操弄 SEO 搜尋結果的作弊手法在市場上持續作怪，所以每次搜尋引擎排名規則的改變都會在網站之中引起不小的騷動。各位想做好 SEO，就必須認識 Google 演算法，並深入了解 Google 搜尋引擎的運作原理。

13-2-1　認識 Google 搜尋演算法

隨著搜尋引擎的演算法不斷改變，SEO 操作雖然還是可以提供相當大的網站流量，但是 Google 經過不斷的更新，已經變得越來越聰明。加上近期更新的頻率越來越高，真是讓所有行銷人又愛又恨。不過話雖這麼說，Google 演算法的修改還是源自於三個最核心的動物演算法：分別是熊貓、企鵝、蜂鳥。透過了解搜尋引擎演算法、優化網站內容與使用者體驗，自然就越有機會獲得較高的流量。以下是三種演算法的簡介：

❑ 熊貓演算法（Google Panda）

熊貓演算法主要是一種確認優良內容品質的演算法，負責從搜索結果中刪除內容整體品質較差的網站，目的是減少內容農場或劣質網站的存在，例如有複製、抄襲、重複或內容不良的網站，特別是避免用目標關鍵字填充頁面或使用不正常的關鍵字用語，這些將會是熊貓演算法首要打擊的對象。只要是原創品質好又經常更新內容的網站，一定會獲得 Google 的青睞。

❑ 企鵝演算法（Google Penguin）

我們知道連結是 Google SEO 的重要因素之一，企鵝演算法主要是為了避免垃圾連結與垃圾郵件的不當操縱，並確認優良連結品質的演算法。Google 希望網站的管理者應以產生優質的外部連結為目的，垃圾郵件或是操縱任何鏈接都不

會帶給網站額外的價值，不要只是為了提高網站流量、排名，刻意製造相關性不高或虛假低品質的外部連結。

❑ 蜂鳥演算法（Google Hummingbird）

蜂鳥演算法與以前的熊貓演算法和企鵝演算法演算模式不同，主要是加入了自然語言處理（Natural Language Processing, NLP）的方式。針對用戶的搜尋意圖進行更精準的理解，讓使用者的查詢與搜尋結果更為準確且快速，而不是只出現一大堆的相關資料。不但大幅改善了 Google 資料庫的準確性，還能打擊過度的關鍵字填充。

自然語言處理（Natural Language Processing, NLP）就是讓電腦擁有理解人類語言的能力，並透過複雜的數學演算法來讓機器去認知、理解、分類並運用人類日常語言的技術。

13-3 搜尋引擎最佳化（SEO）

網站流量一直是網路行銷中相當重視的指標之一，而其中一種能夠相當有效增加流量的方法就是之前我們談過的「搜尋引擎最佳化」（Search Engine Optimization, SEO），簡單來說，SEO 就是運用一系列的方法，利用網站結構調整配合內容操作，讓搜尋引擎更容易認同你的網站內容，同時對你的網站有好的評價，就會自然而然提高網站在 SERP 內的排名。

在此輸入速記法，會發現榮欽科技 出品的油漆式速記法排名在第一位

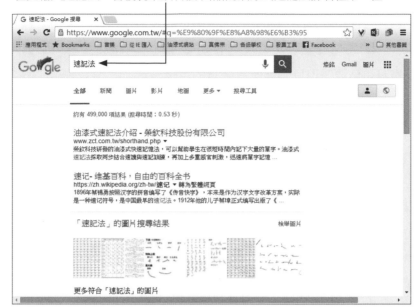

SERP 的搜尋排名

13-3-1　SEO 分類與成長駭客

　　店家或品牌導入 SEO 不僅僅是為了提高在搜尋引擎的排名，主要是用來調整網站體質與內容，對消費者而言，SEO 是搜尋引擎的自然搜尋結果，整體優化效果所帶來的流量提高及獲得商機，其重要性要比排名順序高上許多。SEO 可以自己做，不用花錢去買，但是 SEO 操作無法保證可以在短期內提升網站流量，必須持續長期進行。坦白說，SEO 沒有捷徑，只有不斷經營。也因此通常點閱率與信任度也比關鍵字廣告來的高，進而讓網站的自然搜尋流量增加與增加銷售的機會。通常我們會將 SEO 分類為以下三種不同模式：

❏　白帽 SEO（White hat SEO）

　　做好 SEO 可以省下許多行銷費用，但是這不是一兩天功夫就能看出成果的工作，所謂「白帽 SEO」（White hat SEO）是腳踏實地的經營 SEO，也就是以正

當方式優化 SEO。核心精神是只要對用戶有實質幫助的內容，排名往前的機會就能提高，例如：加速網站開啟速度、選擇適合的關鍵字、優化使用者體驗、定期更新貼文、行動網站優先、使用較短的 URL 連結等，藉此幫助網站提升排名，盡力滿足搜尋引擎要替用戶帶來優質體驗的目標。

❑ 黑帽 SEO（Black hat SEO）

「黑帽」一詞是與「白帽」相對比較的說法，指有些手段較為激進的 SEO 做法，希望透過欺騙或隱瞞搜尋引擎演算法的方式，獲得排名與免費流量。常用的手法包括建立無效關鍵字的網頁、隱藏關鍵字、關鍵字填充、購買舊網域、在不相關垃圾網站建立連結或付費購買連結等。利用黑帽 SEO 技術，雖然有可能在短時間內提升排名，但對於 Google 來可說是天條，只要讓 Google 發現，輕則排名急速下降，重則可能被完全刪除排名，也就是再也搜尋不到。

❑ 灰帽 SEO（Gray hat SEO）

是一種介於黑帽 SEO 跟白帽 SEO 的優化模式。簡單來說，會有一點投機取巧，卻又不會嚴重的犯規，用險招讓網站承擔較小風險，遊走於規則的「灰色地帶」。利用這些技巧來提升網站排名，而且不會被搜尋引擎懲罰，同時仍保有一定可讀性。例如：一些連結建置、交換連結、適當地反覆使用關鍵字（盡量不違反 Google 原則），以及改寫別人文章等。是目前很多 SEO 團隊比較偏好的優化方式。

> 通常駭客（Hack）被認為是使用各種軟體和惡意程式攻擊個人和網站的代名詞。不過所謂成長駭客（Growth Hacking）的主要任務就是跨領域地結合行銷與技術背景，直接透過「科技工具」和「數據」的力量在短時間內快速成長與達成各種增長目標，所以更接近「行銷＋程式設計」的綜合體。成長駭客和傳統行銷相比，更注重密集的實驗操作和資料分析，目的是創造真正流量，達成增加公司產品銷售與顧客的營利績效。

13-3-2　關鍵字優化

　　許多網站流量的來源有一部分是來自於搜尋引擎關鍵字搜尋，現代消費者在購物決策流程中，十個有九個都會利用搜尋引擎搜尋產品相關資訊，因此每一個關鍵字的背後都可能代表一個購買動機。想要做好 SEO，最重要的概念就是「關鍵字」。SEO 是透過自然排序的方式來提升關鍵字排名，對的關鍵字會因為許多人都在搜尋，所以一直導入正確的人潮流量，進而可以在搜尋引擎上達到數位行銷的機會。

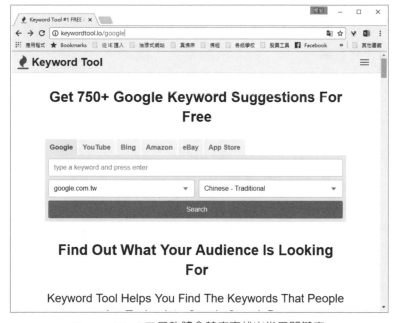

Keyword Tool 工具軟體會替店家找出常用關鍵字

　　所謂關鍵字（Keyword），就是與店家網站內容相關的重要名詞或片語，通常關鍵字可以反應出消費者的搜尋意圖，例如企業名稱、網址、商品名稱、專門技術、活動名稱等。關鍵字優化行銷不但能在搜尋引擎取得免費或付費的曝光機會，還可藉此宣傳企業的產品與品牌，也就是針對使用者的消費習慣而產生的行銷策略。

　　店家在開始建置網站時，進行關鍵字搜尋是非常重要的步驟，因為當你的網站在消費者輸入關鍵字後，能夠出現在前面的搜尋結果，就像是讓你把商店開在最精華的蛋黃區地段，消費者只要透過關鍵字就能找到店家，也就代表著有很高的機會被消費者注意與點擊。一般來說，網站的產品或服務內容都會隨著關鍵字展開，最好是也要能在你的網站上經常被提及，關鍵字可以大致區分為「目標關鍵字」（Target Keyword）與「長尾關鍵字」（Long Tail Keyword）兩種。

　　目標關鍵字就是網站的主打關鍵字，也就是店家希望在搜尋引擎中獲得排名的關鍵字，選對目標關鍵字，當然是非常重要的一件事情，通常關鍵字的長度與搜尋量呈現反比，越短的字組搜尋量會越大，如果是沒有流量的關鍵字，即使排在第一也是沒有意義。

目標關鍵字可能佔了網站 30% 左右的流量

　　通常店家在決定關鍵字時最常見的疏忽之一，就是忽略了 Google 和用戶對長尾關鍵字偏好。各位仔細觀察與研究網站流量，可能就會發現目標關鍵字可能只佔了網站 30% 左右的流量，剩下搜尋進來的關鍵字，大多是不太引人注目的一些「長尾關鍵字」。所謂「長尾關鍵字」（Long Tail Keyword），就是網頁上相對不熱門，但接近目標關鍵字的字詞，通常都是片語或短句，可能就是一般不會最先直接想到的字詞，但描述卻更精準的短句，這些長尾字詞通常競爭度較低，不過也可以帶來部分搜索流量，雖然個別來流量較少，但總流量相加總後，卻是有可能高於目標關鍵字，當然對目標關鍵字也會有推動的作用。例如對一家專賣瘦身相關的商品。很明顯的，「瘦身」是目標關鍵字，而「如何可以有效瘦身」、「有效瘦身方法推薦」、「專家推薦的有效瘦身方法」等，就是屬於長尾關鍵字。

長尾關鍵字總流量相加有可能高於目標關鍵字

13-3-3　Google AdWords 簡介

Google AdWords（關鍵字廣告）是一種 Google 推出的關鍵字行銷廣告，包辦所有 google 的廣告投放服務，例如你可以根據目標決定出價策略，選擇正確的廣告出價類型，對於降低廣告費用與提高廣告效益有相當大的助益，運作模式就好像世界級拍賣會，瞄準你想要購買的關鍵字，出一個你覺得適合的價格，如果你的價格比別人高，你就有機會取得該關鍵字，並在該關鍵字曝光你的廣告。通常 Google Ads 提供三種廣告出價方式來讓客戶選擇：

❑ 著重廣告點擊

一般關鍵字廣告的計費方式是在廣告被點選時才需要付費，「點擊數收費」（Pay Per Click, PPC）就是一種按點擊數付費的廣告方式。不管廣告曝光量多

少，在搜尋引擎的付費競價排名廣告推廣形式之下，按照點擊次數計費，沒人點擊就不用付錢，多數新手都會使用單次點擊出價。和傳統廣告相較之下，如果主要行銷目標是讓使用者進入您的網站，PPC 關鍵字廣告的行銷手法不僅較為靈活，廣告預算還可隨時調整，而且能夠第一時間精準的接觸目標潛在客戶群，帶來網站流量，適合各種大小不同的宣傳活動。

❑ 著重曝光率

如果你希望商品的曝光度能增加，提高品牌知名度，有一種方式是「廣告千次曝光費用」（Pay per Mille, PPM）。當使用者輸入搜尋關鍵字時，可以看到商品會出現在搜尋列表中，藉與特定關鍵字的高度連結，強化商品與網站的定位，間接引起使用者可能購買的動機。這種收費方式以曝光量計費，也就是廣告曝光一千次所要花費的費用，就算沒有產生任何點擊，只要千次曝光就會計費。這種方式對商家的風險較大，不過最適合加深大眾印象，需要打響商家名稱的廣告客戶。

❑ 著重轉換率

目前還有另一種近年日趨流行的計價收費方式「實際銷售筆數付費」（Cost per Action, CPA），主要是按照廣告點擊後產生的實際銷售筆數付費，向 Google Ads 告知您願意為每次轉換開發出價支付的金額，轉換通常是指您希望客戶在網站上執行的特定動作（包括成交、參加活動或訂閱電子郵件等等），也就是點擊進入廣告不用收費，目前相當受到許多電子商務網站的歡迎。

13-4 SEO 生手實戰入門

Search Console 能幫網頁檢查是否符合 Google 的演算法

當各位在 Google 搜尋引擎中輸入關鍵字後，大多數消費者只會注意最前面（2~3 頁）幾個頁面的搜尋結果。因此經過 SEO 的網頁可以在搜尋引擎中獲得較佳的名次，曝光度也就越大。對於網路行銷來說，SEO 就是透過利用搜索引擎的搜索規則與演算法來提高網站在 SERP 的排名順序掌握，說穿了就是運用一系列方法讓搜尋引擎更了解你的網站內容，這些方法包括常用關鍵字、網站頁面內（on-page）優化、頁面外（off-page）優化、相關連結優化、圖片優化、網站結構等。SEO 的核心價值就是讓使用者上網的體驗最優化，Google 老早有一套非常完整的演算法來偵測作弊行為，千萬不要妄想投機取巧，接下來我們為各位整理出八種有效的 SEO 關鍵心法。

13-4-1　經營有價值的網站內容

　　SEO 手段與趨勢不管如何變化發展，內容絕對都會是其中最為關鍵的重中之重，隨著 Google 語意分析技術的快速發展，現在能夠判斷一篇網站的內容是否值得被排名到前面，正所謂「內容者為王」（Content is King），SEO 必須搭配高品質內容呈現，才有辦法創造真正有效的流量，如果各位想快速得到搜尋引擎的青睞，第一步就必須懂得如何充實網站內容。

　　我們知道任何再高明的行銷技巧都無法幫助銷售爛產品一樣，如果網站內容很差勁，SEO 能起的作用非常有限，只要內容對使用者有價值，自然就會排序到較好的排名。許多網站建構後很多內容都一成不變，完全沒有更新資訊，這些都會導致網頁相似度太高。一般來說網頁頁面太長也不好，如果分開成兩三個較短的頁面會比一整個長頁面獲得到更好的評價，而且網站內盡量避免網頁內容重複，因為這樣反而會有扣分的效果，都會讓搜尋引擎覺得網站不夠專業，因而降低 SEO 的排名順序。

　　由於搜尋引擎對於原創性內容也會予更高的權重，其他像是網頁內容的相關性也是非常重要的，持續增加新內容對網站有益，或者讓消費者多多在網站上留言，讓內容永不過時。各行各業都有其專業內容，不妨站在使用者的角度寫出可以「搶排名」的內容，讓網頁內容能夠符合企業期待的需求，透過優化網站內容最能符合搜尋引擎排名演算法規則。

> 資料螢光筆（Data Highlighter）是一種 Google 網站管理員工具，讓各位以點選方式進行操作，只需透過滑鼠就可以讓資料螢光筆標記網站上的重要資料欄位（如標題、描述、文章、活動等），當 Google 下次檢索網站時，就能以更為顯目與結構化模式呈現在搜尋結果中，對改善 SERP 也會有相當幫助。

13-4-2　讓 Google 更快懂你 - 網站結構優化

網頁是由許多 HTML 標籤所構成，有些 HTML 標籤對搜尋引擎演算法有較高的影響力，以便讓搜尋引擎能夠明確辨認和了解，可以讓目標網頁在自然排序結果中上升，例如像是 <meta>、<title>、<h1>、<nav> 等標籤。<meta> 標籤則是用來註解網頁重要資訊給搜尋引擎，不會影響網頁的呈現效果，一個網頁內可以有很多個不同的 <meta>。標題標籤 <title> 是用來描述網頁的標題名稱，它會顯示在瀏覽器的標題列上，這裏是放置關鍵字最佳的位置，因為搜尋引擎會使用 <title> 標籤中的文字做為頁面標題。

透過在 <meta> 標籤和 <title> 標籤中佈局適合的關鍵字，可以迅速提高點擊量和瀏覽量，至於 <description> 標籤用來寫入對網站的敘述，包含公司名稱、主要產品和關鍵字等，撰寫一段可以好的簡短描述，搜尋引擎會有很大的吸引力，也就是網站越容易被搜尋引擎拜訪和理解，搜尋排名優勢就越多。此外，善用標頭標籤 H1-H6（<h1>、<h2>…）除了將字體放大，也可以強調文字的重要性與關聯性，如果將重要的關鍵字埋入標籤中，也能有效提升搜尋的排行名次，<nav> 標籤則能讓搜尋引擎把這個標籤內的連結視為重要連結。

13-4-3　連結與分享很重要

越多人連結到你的網站，代表可信度越高，連結（link）是整個網路架構的基礎，網站中加入相關連結（inbound links），讓訪客可以進一步連到相關網頁，達到延伸閱讀的效果，還能留住使用者繼續瀏覽網站，減少網站跳出率，當然也是 SEO 的加分題。搜尋引擎會評估連結的品質和數量，對於在超連結前或後的文字也是要點之一，特別是「錨點文字」（Anchor text）顯示可點擊的超連結文字或圖片，訪客只要點選超連結就可以跳到錨點所在位置，除了有助於內部的導覽，更強調了頁面的某部份，在 SEO 排名上也有相當的助益。

跳出率是指單頁造訪率，也就是訪客進入網站後在特定時間內（通常是 30 分鐘）只瀏覽了一個網頁就離開網站的次數百分比，這個比例數字越低越好，愈低表示你的內容抓住網友的興趣，跳出率太高多半是網頁設計不良所造成。

「反向連結」（Backlink）就是從其他網站連到你的網站的連結，如果你的網站擁有優質的反向連結（例如：新聞媒體、學校、大企業、政府網站），代表你的網站越多人推薦，當反向連結的網站越多、就越被搜尋引擎所重視。就像有篇文章常被其他文章引用，可以想見這篇文章本身就評價不凡，這也是網站排名因素的重要一環。

相信許多人都有使用社群的習慣，社群媒體本身看似跟搜尋引擎無關，但其實是 SEO 背後相當大的推手，搜尋引擎當然也會看重來自於群網站上的分享內容，並且偏好社群活躍度高的網站，因為搜尋引擎的演算法會拉高社群謀體分享權重，各位應該多利用社群分享鈕來與社群媒體做連結。例如增加在 Facebook 上的分享、按讚、留言等，經營社群媒體有助於提高網站的可見度，當然也間接影響搜尋結果排名。

雖然說品牌核心內容應該鎖定店家的官網，社群平台只是分享管道之一，Google 當然也會看重來自於社群網站上的分享內容，認為網站會被越多社群分享，也意味著這網站是優質的的網站，演算法也會拉高社群謀體分享權重。店家或品牌該多利用社群分享鈕來與社群媒體做連結，不過 SEO 優化最重要的還是持續的經營品牌形象，重點還是在提高品牌價值為核心與讓用戶儘可能有一個完美的體驗。

店家網站上盡可能設定社群分享按鈕

13-4-4　麵包屑導覽列的重要

　　網站就如一棟四通八達的大賣場，裡面包羅萬象，網頁依照規模從數十頁到數千數萬頁都有可能，若沒有好好的規劃環境與走向，絕對會影響到 SEO 的排名。麵包屑導覽列（Breadcrumb Trail），也稱為導覽路徑，是一種基本的橫向文字連結組合，透過層級連結來帶領訪客更進一步瀏覽網站的方式，讓用戶清楚知道自己在那裏，可以快速跳到想到的分類或頁面，大幅提高網路爬蟲的瀏覽速度，也能讓內部連結增加。

　　下面就是麵包屑導覽列，許多網站在搜尋結果中的網址以麵包屑形式顯示網址或網站的結構，可以幫助使用者與搜尋引擎理解目前位置。對於使用便利性與搜尋引擎在檢索、理解網站內容時是非常重要又有效的功能，並且可以方便訪客瀏覽以及改善用戶體驗。例如經常在網頁上方位置看到：

> 「首頁 > 商品資訊 > 流行女飾 > 小資女必備 > 洋裝」

訪客可以經由「麵包屑」快速地回到該篇文章的上一層分類或主分類頁，也能夠讓搜尋引擎更清楚頁面層級關係，提高網頁易用性，特別是每一階層的文字都要簡潔簡短與連結必須是有效連結，如果可以再多埋入目標關鍵字，那麼 SEO 的效果會更好。至於網站地圖（Sitemap）則是用來提供網站架構與導引的頁面，不僅有利搜尋引擎收錄和更新你的網站，也是影響 SEO 排名因素中的重要一環。

13-4-5　SEO 就在網址的細節裏

網址（URLs）是連結網路花花世界一個不可少的元素，也是指向自身網頁的一個標籤，URL 的處理在 SEO 中也是同樣重要的指標。因為搜尋引擎的排序結果也會納入網址內容，將各位選取的關鍵字插入網址（URLs）絕對能讓網站的排名更上一層樓，如果選擇淺顯易懂的網址，會比沒意義的網址更讓搜尋引擎容易識別，搜尋引擎較偏好擁有敘述性的網址。有些網址過於冗長或奇怪的符號一堆，也會降低其他用戶分享的意願，過長的網址搜尋時也將會遭到截斷的可能。請留意！不管是換網域還是換網址，任何一點網址有關的更動，都會影響到搜尋引擎對網站原先的排名。

在 SEO 優化過程中，301 轉址（301 Redirect）相當重要，也稱為 301 重新導向，只要是涉及「網址」的更動，也就是如果店家需要變更該網頁的網址，就可以使用伺服器端 301 重新導向，即是將舊網址永久遷移至新網址，也能指引 Google 檢索正確的網址位置。如果少了這個動作，Google 會將舊網址與新網址認定是各自獨立的網頁。

13-4-6　圖片更要優化

　　圖片在網站中地位是非常重要，高品質的影片或圖片能更容易讓訪客了解商品內容，也是網站內容的一個附加價值，不但能吸引更多流量來源，也能提高使用者瀏覽體驗。在實際應用當中，網友對圖片的搜尋並不比網頁少，所以做好網站的圖片優化是相當重要的工作。由於搜尋引擎非常重視關聯性，圖片檔案名稱建議使用具有相關意義的名稱，例如與關鍵字或是品牌相關的檔名，這也是圖片優化的技巧之一。

　　網站速度現在也是排名因素之一，時間就是金錢，如果網頁開啟的速度非常慢，相對的跳出率也會提高，這一點套用於 SEO 上也適用。圖片太大往往會是影響網站速度最大的原因，所以要儘可能地讓圖片在不失真情況下，壓縮至最小檔案。純文字網頁相當無趣，但是塞進很多圖片卻沒有文字也是 SEO 大忌。網路蜘蛛（Spider）並不會讀取圖片，但它們會讀取圖片標籤中的敘述文字，Alt 對於圖片的優化是非常重要，因此 Alt 屬性必須準確的撰寫圖片相關內容，這樣可以讓搜尋引擎在抓取圖片時了解圖片主題，當然創建圖片與影片的 sitemap 也是個不錯的方法。最後在網頁文章當中，利用關鍵字連結到圖片，對 SEO 也是有加分的作用。

13-4-7　別忘了行動裝置友善度

　　全球行動裝置的數量將在短期內超過全球現有人口，在行動裝置興盛的情況下，為您的網站建立行動裝置版本也愈來愈重要，Google 也特別在 2015 年 4 月 21 日宣布修改搜尋引擎演算法，針對網頁是否有針對行動裝置優化做為一項重要的指標，2016 年 11 月時宣布了行動裝置優先索引，明白表示未來搜尋結果在行動裝置與桌機會有不同的結果，以確保行動搜尋的用戶獲得精準的搜尋結果。所以網站提高手機上網用戶的友善介面，將會是未來網站 SEO 優化作業的一大重點。

我們在瀏覽網頁的時候，有時候頁面中會提示 404 not found 訊息，這是代表客戶端在瀏覽網頁時，伺服器無法正常提供訊息，多半是所存取的對應網頁已被刪除、移動或從未存在。如果網站中出現過多 404 not found 訊息，也是 SEO 的扣分題。

因此針對行動裝置的響應式設計（Responsive Web Design, RWD）就顯得相當重要。它能幫助網站在主流競爭下取得較好的關鍵字排名。當行動用戶進入你的網站時，能讓用戶順利瀏覽、增加停留時間，也方便使用任何跨平台裝置瀏覽網頁。

響應式網頁設計（Responsive Web Design, RWD），或稱「自適應網頁設計」。特點是不論在手機、平板電腦、桌上電腦上網址 URL 都是不變，還可以讓網頁中的文字以及圖片甚至是網站的特殊效果，自動適應使用者正在瀏覽的螢幕大小。

13-4-8　加快網站載入速度

SEO 最基本的速度檢測工具

> Google PageSpeed Insights 是 Google 所提供的網站 SEO 測試與衡量網頁載入之執行效能與速度檢測工具，只需要輸入網址，Google 將會提供給您優化網站速度的各種改善建議。

時間就是最寶貴的金錢，網站載入速度是 SEO 搜尋排名的一個重要考量因數，Google 也一直在搜尋排名上，給予能夠快速載入的網頁更好的權重分數，目的就是提供搜尋者好的用戶體驗。因為如果網頁開啟的速度非常慢，很可能點擊率變成了跳出率，Google 官方甚至建議您的網站為行動用戶的加載速度最好要低於一秒鐘，因為速度絕對是留住客戶的關鍵，通常圖片太大往往是影響網站速度最大的原因，建議使用圖片壓縮工具來壓縮圖片，或者您還可以創建 Google AMP，以縮短您的網站在行動設備上的加載時間。

> 「加速行動網頁」（Accelerated Mobile Pages, AMP）是 Google 的一種新項目，網址前面顯示一個小閃電型符號，設計的主要目的是在追求效率，就是簡化版 HTML，透過刪掉不必要的 CSS 以及 JavaScript 功能與限定圖檔、文字字體、特定格式等來達到速度快的效果。在行動裝置上 AMP 網頁的載入速度和顯示外觀均優於標準 HTML 網頁，可為使用者帶來更出色的體驗，網頁如果有製作 AMP 頁面，幾乎不需要等待就能完整瀏覽頁面與下載完成，因此 AMP 也有加強 SEO 優化的作用。

13-5 語音搜尋與 SEO 不能說的秘密

由於行動裝置與智慧語音助理的大量普及，同時也快速地在改變消費者搜尋產與服務的習慣，語音搜尋（Voice Search）幾乎成了現代人的標準行為。根據國外研究機構估計，預估到 2022 年，50％以上的搜尋方式將是以語音搜尋為

主。在這個新興次世代語音購物的世界中，語音搜尋對於網路行銷布局有著很深的影響，也開創了一塊創新的行銷領域，用戶透過語音搜尋的便利性，更輕鬆地接觸到自己想要購買的商品與資訊，正快速顛覆目前以視覺為主、仰賴螢幕呈現的消費慣性，對行銷人而言，將會是一個全新的商務戰場，行銷人員應該為語音搜尋可能產生的影響做好準備，這樣的改變肯定會帶起一場新的搜尋趨勢。

語音搜尋能夠提供給消費者最精準的資訊

各位可能會好奇那麼該如何優化 Google「語音搜尋」SEO 排名？在手機上消費者要的是快速精準的答案，因為語音搜尋輸入速度會變得越來越快，越來越分散與難以預測，最重要的是要能真正掌握搜尋用戶的意圖。那麼應該如何優化語音搜尋的效果，除了內容仍然是不可或缺的基本功，我們也提供以下六點語音搜尋 SEO 的關鍵秘密。

13-5-1　長尾關鍵字的布置

過去傳統文字搜尋時，關鍵字的考量主要集中在如何優化這些單詞的目標關鍵字，不過在語音搜尋的時代，已經不像以往可以靠堆積關鍵字方式爭取 SEO 排名，由於講話的速度遠快於鍵盤打字的速度，語音輸入會更傾向直接口語對話方式互動，不會再只侷限於單純關鍵字詞的輸入。例如當消費者要以文字搜尋餐廳時，最有可能輸入的關鍵字為「台北　餐廳」；可是如果以語音搜尋的話，大多數人們會以提問的方式，使用完整的疑問句子搜尋答案，「台北最好吃的餐廳在哪裡？」

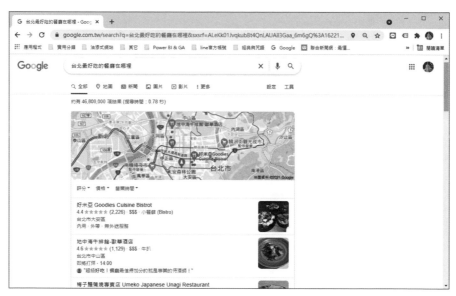

語音輸入會更傾直接口語對話方式互動

因此在於關鍵字的選擇上，店家或品牌必須從消費者的角度思考，讓原本單一產品或服務的多種組合，整理後進入網站內的可能關鍵詞組或句子，反而口語化表達的結論是應該改為接近完整句子的長尾關鍵字（Long Tail keywords），使潛在消費者搜尋的句子與網站內容更有關聯性。簡單來說，優化語音搜尋的關鍵字技巧在於「語意表達方式」的關鍵字。

從搜尋意圖來看，大多數所提出問題的意圖是偏向尋找資訊或答案，例如「為什麼」、「怎麼做」；但另一方面，「什麼時候」和「在哪裡」，建議一般人在日常對話中使用的「5W1H」的方式來進行發想，也就是以問句型關鍵字來佈局，如「誰」（Who）、「什麼」（What）、「如何」（How）「哪裏」（Where）、「何時」（When）等字給予更多口語化的長尾關鍵字配置。例如當消費者要以文字搜尋旅館時，最有可能輸入的關鍵字為「高雄 旅館」；不過如果是以語音搜尋，內容將會變為：「高雄有哪些便宜又好的旅館」，可能就必須要多佈局到一些，甚至是「高雄 CP 值最高的旅館在哪裡？」「大家都説好的高雄旅館」等這些長尾關鍵字。

長尾關鍵字讓用戶搜尋與網站內容更有關聯

隨著語音搜尋的比重愈來愈高，長尾關鍵字雖然流量較小，反而能揭露出更多搜尋者需求的效用，因為經由搜尋長尾關鍵字而來的流量更容易接近你的目標顧客。語音搜尋帶動你的網站主要流量的來源其實是長尾關鍵字的組合，因此必須得重新進行「關鍵字框架」的整體佈局策略，加上利用與內容優化累積更多長尾關鍵字來加深流量。此外，還有一點要特別注意，不要一再塞入重複相同長尾關鍵字，不妨使用完整意義相近的句子，例如：「油漆式速記法」可換句話説「是一種能夠幫助使用者快速輕鬆記憶的方法」、「同時融合速讀與速記的記憶方法」。

13-5-2 　加入 Q&A 頁面

語音搜尋的問題千奇百怪，上至看病求醫、星座算命，下至美食景點、寵物生病等無奇不有，不過這同時也提供了一個經營潛在客戶的管道，許多用戶開啟語音搜尋時，往往會單刀直入問「問題」，例如「泰銖在哪裡兌換？」、「我如何去機場？」、「泰國飯店要付小費嗎？」。因為當顧客不知所措時，就會很渴望看到 Q&A，如果你的產品或服務可以舉列成為 Q&A，那真的是再好也不過，這時如果店家網站上能提供 Q&A 頁面的問題模式，就很能符合搜尋口語化的相關長尾關鍵字，相對自然能製造更多曝光機會。所以在網站內經營 Q&A 頁面絕對是面對語音搜尋時的 SEO 優化法寶之一。

自問自答式的 Q&A 頁面最符合語音搜尋者好問的胃口

13-5-3　加強在地化搜尋資訊

語音搜尋具有在地化的優先搜尋意圖

　　由於語音搜尋最常在行動裝置上使用，特別具有在地化的優先搜尋意圖，搜尋結果會優先列出「離自己最近」與評價最高的幾家商家，例如想找離家近的全聯超市，我們甚至不需要再打「高雄市 美術館 全聯超市」，只要打「全聯超市」就會出現鄰近全聯超市。

高雄市美術館附近的全聯超市

如果你的業務涉及店面或門市運營，除了應該積極加入「Google 我的商家」，網站上最好還要附上你的商家、名稱（Name）、地址（Address）、電話號碼（Phone Number）等資訊，只要掌握消費者的「搜尋意圖」及「定位」，就能幫助自家品牌網站提高 Google 的辨識度與信任度，這樣一來能不但能讓消費者更快知道他身處附近的相關店家資訊，還能提高 SEO 的排名。

網站最好附上你的商家 NAP 資訊

13-5-4　善用標題標籤

請善用標題標籤（title tag），清楚列出文章重點，找出消費者常問的問題，例如將品牌或店家名稱出現在標題，在 SEO 上也是非常重要的優化項目之一。最好的方式是一個頁面只呈現一個主題，再針對不同的次標題問題去發揮，並在內容架構上的規劃更有邏輯，讓消費者確認完需求之後，可以快速找到聯繫、購買方式，將站點簡化，讓消費者可以擁有比過往更流暢的體驗，對改善 SERP 也會有相當幫助。

善用標記標籤，清楚列出內容重點

13-5-5　增加影片內容

　　每個行銷人都知道影音行銷的重要性，比起文字與圖片，透過影片的傳播，更能完整傳遞商品資訊。影片能夠建立企業與消費者間的信任，影音的動態視覺傳達可以在第一秒吸引目光，影片不但是關鍵的分享與行銷媒介，也開啟了大眾素人影音行銷的新視野。而現在更是堂堂邁入了網路影音行銷的時代，企業為了滿足網友追求最新資訊的閱聽需求，透過專業的影片拍攝與品牌微電影製作方式，讓商品以更多元方式呈現，這樣不僅能貼近消費者的生活，還可以透過影音行銷直接增加的雙方參與感和互動實務上。例如不到一分鐘的開箱短影片的方式，就能幫店家潛移默化教育消費者如何在不同的情境下使用產品。

Google 影片區顯示不同的影音資訊

　　現在 Google 的 SERP 結果中 除了自然搜尋排名之外，也提供了許多額外的顯示欄位，例如在 Google 影片區（Google Video Box）也會收錄來自各個影音平台的影音資訊，甚至是放置個人網站中的影音檔。通常一般較受歡迎的影片類型會是電玩遊戲、搞笑耍廢、知識與旅遊、開箱影片、探險、烹飪和美容實境教學等，以及任何「有趣」、具有展演性的說明影片，如美妝品牌影片中直接做產品開箱與示範，營造出貼近粉絲用戶的「嘗鮮感」。店家如果要增加語音搜尋的 SEO 排名，還可以把嵌入影片在登錄頁面（landing page）中或者放到官網上。

新產品的開箱體驗影片很受歡迎

13-5-6　爭取精選摘要版位

精選摘要在搜尋結果頁上面最顯眼的位置

Google 從 2014 年起，為了提升用戶的搜尋經驗與針對所搜尋問題給予最直接的解答，會從前幾頁的搜尋結果節錄適合的答案。要注意的是，提供的不是相關結果，而是一個回應問題的答案，而且可以無視所有的排名，出現在 SERP 頁面最顯眼的精華版位置（第 0 個位置），這種呈現方式稱為「精選摘要」（Featured Snippets）版位。通常會以簡單的文字、表格、圖片、影片或條列解答方式，內容包括商品、新聞推薦、國際匯率、運動賽事、電影時刻表、產品價格、天氣與知識問答等，還會在下方帶出店家網站標題與網址。

精選摘要會以文字、表格、圖片、影片等多元模式呈現

精選摘要非常特別，針對廣大用戶不同的搜尋意圖，Google 會給出最適當的表達方式，現在不論是各種品牌或店家，無一不竭盡所能想要爭取進入精選摘要的版位，因為「精選摘要」不僅是佔用了 SERP 頁上最頂部的空間，也是從競爭對手中脫穎而出的關鍵，尤其用戶還會認為這是 Google 掛保證推薦的瀏覽內容，更能夠大幅提升網站點擊率。那麼要如何才有機會被 Google 選為精選摘

要？事實上，不是將任何特定程式碼或標籤（tag）放進網站就有用，想要爭取精選摘要只有一個方向，就是提供最符合用戶需求的內容。

Google 會根據使用者的搜尋要求來判斷，網頁是否適合放入精選摘要版位，並提供明確答案的相關內容。例如，加入更多實用且容易理解的圖文排版，讓訪客有耐心閱讀，增加瀏覽網頁的停留時間。或者讓標題及內容以問題與指引方式呈現，例如：「為什麼學英文？」、「怎麼學好日文？」、「請跟著以下步驟」、「底下是最關鍵的項目」、「如以上表格所示」等。最好能夠根據你的品牌與產品特性，以問題和條列式的回覆來編寫內容，就會有很大的機會爭取到版位。

14

Google 的人工智慧
贏家服務

Google Map 透過 AI 能準確辨識街道路名與車牌

　　人工智慧（Artificial Intelligence, AI）與電腦間地完美結合為現代產業帶來創新革命，根據國外最新統計，有 60 %以上的消費者強烈希望在日常生活中使用 AI 和語音技術，例如包括蘋果手機的 Siri、Line 聊天機器人、垃圾信件自動分類、指紋辨識、自動翻譯、機場出入境的人臉辨識、機器人、智能醫生、健康監控、自動駕駛、自動控制等，都是屬於 AI 與日常生活的經典案例。

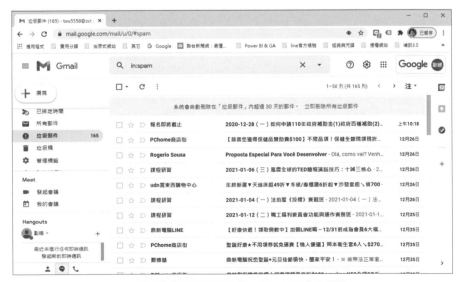

Gmail 的過濾垃圾郵件就是一種 AI 的應用服務

　　在浩瀚的網路世界中，Google 旗下產品之所以能發揮最大的應用效益，背後靠的就是 AI 的核心關鍵技術。例如 Gmail，除了提供超大量的免費儲存空間外，還可輕易擋下垃圾郵件，就是因為使用了 AI 技術來偵測及防堵垃圾郵件，盡可能地讓每封重要信件都能寄達信箱。

14-1　人工智慧簡介

　　微軟亞洲研究院曾經指出：「未來的人工智慧與電腦必須能夠看、聽、學，並能使用自然語言與人類進行交流。」簡單地説，人工智慧就是由電腦所模擬或執行，概念是希望讓電腦能像人類一樣的學習、解決複雜問題、抽象思考、展現創意等，具有類似人類智慧或思考的行為，例如推理、規畫、問題解決及學習等能力。

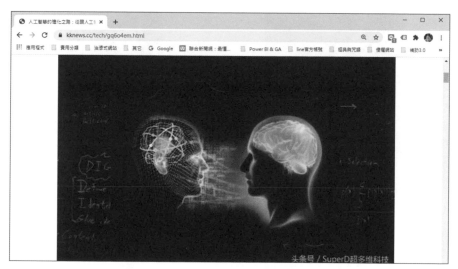

「強人工智慧」與「弱人工智慧」代表機器不同的智慧層次

圖片來源：https://kknews.cc/tech/gq6o4em.html

美國哲學家約翰‧瑟爾（John Searle）提出了「弱人工智慧」（Weak AI）和「強人工智慧」（Strong AI）的分類，弱人工智慧是只能模仿人類處理特定問題的模式，不能深度進行思考或推理的人工智慧，今天各位平日所看到的絕大部分 AI 應用，都是弱人工智慧。強人工智慧（Strong AI）則是具備與人類同等智慧或超越人類的 AI，以往電影的描繪使人慣於想像擁有自我意識的人工智慧，能夠像人類大腦一樣思考推理與得到結論，還多了情感、個性、社交、自我意識，自主行動等等，不過目前主要出現在科幻作品中，還沒有成為科學現實。

科幻小說中活靈活現、有情有義的機器人就屬於一種強 AI

　　自從 2010 年開始全球資料量已進入 ZB（zettabyte）時代，並且每年以 60%~70% 的速度向上攀升，面對不斷擴張的巨大資料量，正以驚人速度不斷被創造出來的大數據（Big Data）為各種產業的營運模式帶來新契機。日本野村高級研究員城田真琴曾經指出，「與其相信一人的判斷，不如相信數千萬人提供的

資料」，她的談話就一語道出了大數據分析所帶來科學與商業決策上的價值，因為採用大數據技術可以更加精準的掌握資料的本質與訊息。

在這個什麼產業都在講「數據力」的時代，人工智慧（Artificial Intelligence, AI）之所以能快速發展所取得的成就，都和大數據密切相關，加上大數據給了 AI 提供了前所未有的機遇與養分，是 AI 的發展進程絕對不該忽略的重點。例如 Google 透過即時蒐集用戶的位置和速度，經過大數據分析，Google Map 就能快速又準確地提供用戶即時交通資訊：

透過大數據分析就能提供用戶最佳路線建議

大數據（Big Data）是由 IBM 於 2010 年提出，大數據不僅僅是代表更多資料而已，主要是指在一定時效（Velocity）內進行大量（Volume）且多樣性（Variety）資料的取得、分析、處理、保存等動作，不過近年來強調資料的真實性是數據分析的基礎，又增加了真實性（Veracity）。

大數據的四項特性

14-1-1 能夠分辨出貓臉的機器學習

我們知道 AI 最大的優勢在於「化繁為簡」，將複雜的大數據加以解析，機器學習（Machine Learning, ML）是 AI 發展相當重要的一環，也是大數據分析的一種方法，通過演算法給予電腦大量的「訓練資料（Training Data）」，就能發掘多元資料變動因素之間的關聯性，進而自動學習並且做出預測。對機器學習的演算法模型來說，資料量越大越有幫助，機器就可以學習的愈快，進而達

DQN 是會學習打電玩遊戲的 AI

到預測效果不斷提升的過程。機器學習的目的就是希望透過大量資料訓練讓機器（電腦）像人類一樣具有學習能力的話，Google 旗下的 Deep Mind 公司所發明的 Deep Q learning（DQN）演算法甚至可以讓機器學習自己如何打電玩，包括 AI 玩家如何探索環境，並透過與環境互動得到的回饋。

知名的 Google 大腦（Google Brain）是 Google 的 AI 專案團隊，更利用機器學習（ML）技術從 YouTube 平台 的影片中取出 1,000 萬張圖片，自行辨識出貓臉跟人臉的不同，更無需事先告訴它「貓咪應該長成什麼模樣」，這跟過去的識別系統有很大不同，過去是先由研究人員輸入貓的形狀、特徵等細節，電腦即可達到「識別」的目的，然而 Google 大腦原理就是把所有照片內貓的「特徵」（Features）取出來，進而幫助機器判讀出目標，同時自己進行「模式」分類，來獲得更好辨識能力。

Google Brain 能從龐大資料庫中，自動分辨出貓臉

14-1-2　讓電腦能下圍棋的深度學習

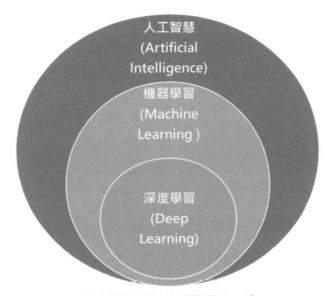

深度學習也屬於機器學習的一種

　　深度學習（Deep Learning, DL）算是 AI 的一個分支，也可以看成是具有層次性的機器學習法，更將 AI 推向類似人類學習模式的重大發展。深度學習並不是研究者們憑空創造出來的最新技術，而是源自於類神經網路（Artificial Neural Network）模型，目的在於讓機器建立與模擬人腦進行學習的神經網路，以解釋大數據中圖像、聲音和文字等多元資料，例如可以代替人們進行一些日常的選擇和採買，或者在茫茫的網路人海中，獨立找出分眾消費的數據，甚至於可望協助病理學家迅速辨識癌細胞，乃至挖掘出可能導致疾病的遺傳因子，未來也將有更多深度學習的應用。

> 類神經網路（Artificial Neural Network）是模仿生物神經網路的數學模式，取材於人類大腦結構，使用大量簡單而相連的人工神經元（Neuron）來模擬生物神經細胞受特定程度刺激來反應刺激架構為基礎的研究，這些神經元將基於預先被賦予的權重，各自執行不同任務，只要訓練歷程愈充實，最後所預測的最終結果，接近事實真相的機率就會愈大。

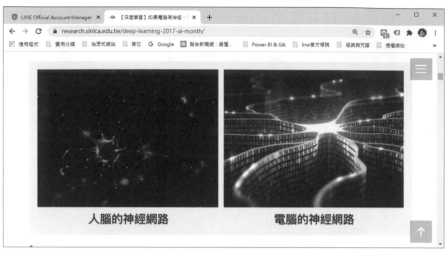

深度學習可以說是模仿大腦的多層次機器學習法

圖片來源：https://research.sinica.edu.tw/deep-learning-2017-ai-month/

　　最令人津津樂道的深度學習應用，當屬 Google Deepmind 開發的 AI 圍棋程式 AlphaGo，接連大敗歐洲和南韓圍棋棋王，AlphaGo 的設計是大量的棋譜資料輸入，還有精巧的深度神經網路設計，透過深度學習掌握更抽象的概念，讓 AlphaGo 學習下圍棋的方法，接著就能判斷棋盤上的各種狀況，後來創下連勝 60 局的佳績，並且不斷反覆跟自己比賽來調整神經網路。

AlphaGo 讓電腦自己學習下棋

　　由於 Google 自動駕駛車輛成功挑戰歐亞長距離行駛，自駕車也是現在科技界非常熱門的話題之一，談到自駕車發展的最後一哩，深度學習（DL）當然就是核心，隨著感測與深度學習技術的快速推進，自駕車為了達到自動駕駛的目的與行車安全，必須透過影像辨識與深度學習技術來感知與辨識周圍環境，並判斷物周遭件的複雜行為模式，從物件分類、物件偵測、物件追蹤、行為分析至反應決策，更能精準處理來自不同車載來源的觀測流，如照相機、雷達、攝影機、超聲波傳感器、GPS 裝置等，以達到最高安全的目的。

Google 的 Waymo 自駕車在加州實際路測里程數稱霸業界

圖片來源：https://technews.tw/2018/08/27/a-day-in-the-life-of-a-waymo-self-driving-taxi/

14-2　Google 的 AI 創意吸睛應用

　　隨著全球人工智慧迅速發展，Google 也持續開發各種人工智慧相關應用，希望藉由 AI 來改善現代人的生活方式及效能。例如大家有口皆碑的機器學習開

源軟體庫 TensorFlow 與利用 Google BERT 來大幅改善其搜尋品質等等。接下來本節中將介紹目前 Google 在 AI 領域廣為人知的亮點應用。

14-2-1　自然語言處理

AI 電話客服也是自然語言的應用之一

圖片來源：https://www.digiwin.com/tw/blog/5/index/2578.html

電腦科學家通常將人類的語言稱為自然語言 NL（Natural Language），比如説中文、英文、日文、韓文、泰文等。任何一種語言都具有博大精深及與隨時間變化而演進的特性，這也使得自然語言處理（Natural Language Processing, NLP）範圍非常廣泛，所謂 NLP 就是讓電腦擁有理解人類語言的能力，也就是一種藉由大量的文字資料搭配音訊數據，並透過複雜的數學聲學模型（Acoustic model）及演算法來讓機器去認知、理解、分類並運用人類日常語言的技術。

BERT 是 Google 所開源的一套演算法模型

自從 Google 推出 BERT（Bidirectional Encoder Representations from Transformers）演算法 之後，能大幅幫助 Google 更精確從網路優化自然語言處理（NLP）的內容，以往只能從前後文判斷會出現的字句（單向），現在透過 BERT 能夠預先訓練演算法，雙向地去查看前後字詞，能更深入地分析句子中單詞間的關係，甚至幫助「網路爬蟲」（web crawler）更容易地理解搜尋過程中單詞和上下文之間的細微差別，大幅提升用戶在 Google 搜尋欄提出的問題的意圖和真正想找資訊的精確度。

14-2-2　人工智慧支援

TensorFlow 是 Google 於 2015 年由 Google Brain 團隊所發展的開放原始碼機器學習函式庫，可以讓許多矩陣運算達到最好的效能，支援各式不同的機器學習演算法與各種應用，函式庫更能讓使用者建立計算圖（Computational Graph）來套用不同功能，並且支持不少針對行動端訓練和優化好的模型，即使 AI 初學者

也可以接觸強大的函式庫，免於從零開始建立自己的 AI 模型，是目前最受歡迎的機器學習框架與開源專案。

　　TensorFlow 靈活的架構可以部署在一個或多個 CPU、GPU 的伺服器中，不但充分利用硬體資源能，可同時在數百臺機器上執行訓練程式，以建立各種機器學習模型，還能夠讓你輕鬆建立適用於桌上型電腦、行動裝置、網路和雲端的機器學習模型，也能配合多種程式語言使用。Google 和哈佛大學的研究人員利用 TensorFlow 開發一個非常先進的機器學習模型，甚至可以還能準確預測餘震位置。

TensorFlow 是目前最受歡迎的機器學習框架與開源專案

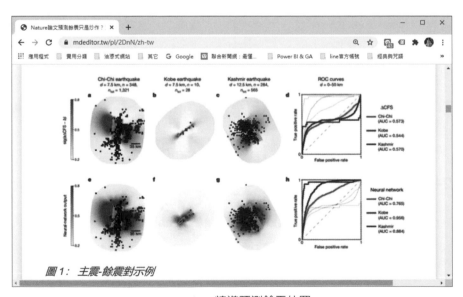

TensorFlow 精準預測餘震位置

圖片來源：https://www.mdeditor.tw/pl/2DnN/zh-tw

GPU 是指以圖形處理單元（GPU）搭配 CPU 的微處理器，GPU 則含有數千個小型且更高效率的 CPU，不但能有效處理平行處理（Parallel Processing），加上 GPU 是以向量和矩陣運算為基礎，大量的矩陣運算可以分配給這些為數眾多的核心同步進行處理，還可以達到高效能運算（ High Performance Computing, HPC ）能力，也使得人工智慧領域正式進入實用階段。

　　TensorFlow 之所以能席捲全球，除了免費是主要因素外，其他不外乎就是容易使用與擴充性高。以往機器學習是先進的研究室才能接觸到的學問，現在透過 TensorFlow 已經演化成一個相當完整的軟體開放平臺；AlphaGo 能有卓越出色的表現，就是得益於 TensorFlow 框架本身的幫助。事實上，Google 借助 TensorFlow 讓旗下相關產品變得更有智慧，Gmail、Google 相簿、Google 翻譯、Google Duplex 、YouTube、Airbnb、Paypal 等都有 TensorFlow 的影子。舉例來說：Google Duplex 具有自動語音預約功能，不僅能用自然流暢的語音與電話另一頭的商家交流溝通，還能完許多真實世界的任務，包括預約餐廳、機票或電影票等服務，甚至還可以代替用戶向賣場、超市等詢問各種商品。

Google Duplex 有讓人驚豔的自動語音預約功能

資料來源：https://www.akira.ai/glossary/google-duplex/

14-2-3　YouTube 推薦影片

　　各位應該都有在 YouTube 觀看影片的經驗，YouTube 致力於提供使用者個人化的服務體驗，近年來更導入了 TensorFlow 機器學習技術來打造 YouTube 影片推薦系統，特別是 YouTube 平台加入了不少個人化品項，過濾出觀賞者可能感興趣的影片，並顯示在「推薦影片」中。YouTube 上每分鐘超過數以百萬小時影片上傳，事實證明全球 YouTube 超過 7 成用戶會觀看來自自動推薦影片，為了能推薦精準影片，用戶顯性與隱性的使用回饋，不論是喜歡以及不喜歡的影音檔案都要納入機器學習的訓練資料。

YouTube 透過 TensorFlow 技術過濾出受眾感興趣的影片

　　當用戶觀看的影片數量越多，YouTube 越容易從過去的瀏覽影片歷史、搜尋軌跡、觀看時間、地理位置、關鍵字搜尋記錄、當地語言、影片風格、使用裝置以及相關的用戶統計訊息，將 YouTube 的影音資料庫中的數百萬影音資料篩選出數百個以上和使用者相關的影音系列，然後以權重評分找出和使用者有關的訊號。並基於這些訊號來加以對幾百個候選影片進行排序，最後根據紀錄這些使用者觀看經驗，產生數十個以上影片推薦給使用者，希望能列出更符合觀眾喜好的影片。

YouTube 廣告效益相當驚人！紅色區塊都是可用的廣告區

YouTube 廣告透過機器學習達到精準投放的效果

　　目前 YouTube 平均每日向使用者推薦 2 億支影片，涵蓋 80 種不同語言，隨著使用者行為的改變，近年來越來越多品牌選擇和 YouTube 合作，因為 YouTube 以內部數據為基礎洞察用戶行為，能夠根據消費者在 YouTube 的多元使用習慣擬定合適的媒體和品牌創新廣告投放方案，讓品牌從流量與內容分進合擊，精準制定行銷策略與有效觸及潛在的目標消費族群，讓品牌從流量與內容分進合擊，透過機器學習不斷優化，再追蹤評估廣告效益進行再行銷，進而達成廣告投放的目標來觸及觀眾，更能將轉換率（Conversion Rate）成效極大化。

轉換率（Conversion Rate）就是網路流量轉換成實際訂單的比率，訂單成交次數除以同個時間範圍內帶來訂單的廣告點擊總數。

14-2-4 Google 相簿 AI 辯識功能

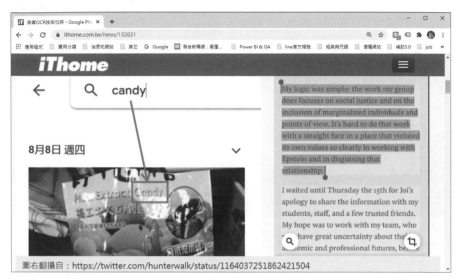

Google 能透過 AI 辨識出圖片中的文字

我們知道 Google 相簿除了可以妥善保管和整理相片外，也可以和他人共享/共用相簿，還能進行美化、建立動畫效果、製作美術拼貼等處理。Google 雲端相簿也內建 AI 修圖功能，能讓濾鏡來做智慧型調整，包括亮度、陰影、暖色調與飽和度等，對細部物體的調色更亮麗，甚至還能透過人工智慧辨識出圖片中的文字，讓你能直接輸入文字搜尋到相片。

14-2-5 智慧選檔與智慧撰寫功能

Google 雲端硬碟（Google Drive）能夠讓各位儲存相片、文件、試算表、簡報、繪圖、影音等各種內容，目前也加入稱為 Priority in Drive 的 AI 智慧判斷功能，會根據用戶的日常操作，包括開啟檔案、編輯、更新、分享、評論、頻率、協作者等因素以及重新命名等動作訊號，判斷用戶需要優先存取的高優先級檔案

及執行動作，讓用戶能夠越快查詢並取得需要的資訊，並具有「工作區」以幫助您組織文件。

按此二鈕皆可新建 Google 文件或上傳資料

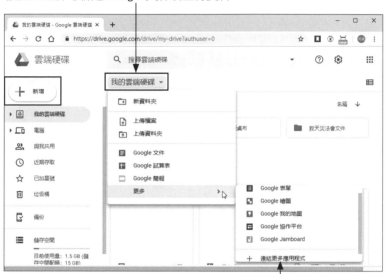

由此連結到雲端硬碟的應用程式

Google 雲端硬碟會判斷用戶需要優先存取的檔案與動作

Google 針對企業用戶（G Suite），提供 Google 文件（Google docs）智慧撰寫（Smart Compose）功能，利用 AI 預測用戶想要書寫的內容與前後文給予、相關句型建議、自動校正功能等，並根據用戶過往的輸入風格，來給予個人化的提示，幫助使用者更快速便利寫出文件，包括節省重覆輸入時間、減少拼錯字或文法錯誤等。

15

網路大神的數據分析
神器 - GA 到 GA4

在數位經濟時代，電商網站的模式與技術不斷地推陳出新，使得電子商務更趨向多元化，Google Analytics（簡稱 GA 分析）是 Google 官方推出的網站數據分析工具，不僅能讓企業可以估算銷售量和轉換率，還能提供最新的數據分析資料，包括網站流量、訪客來源、行銷活動成效、頁面拜訪次數、訪客回訪等，甚至能夠優化網站的動線以及轉換率。如果懂得善用與培養網站數據分析思維，絕對是數位行銷成功的關鍵因素，正如同鴻海郭董事長常説的，魔鬼就在細節裡！

Google Analytics 是數據分析人員必備的超強工具

15-1 GA 到 GA4 簡介

Google 於 2005 購併外部的網站數據分析工具 Urchin，更名為 Google Analytics，並以免費的方式提供所有用戶服務，當時的 GA 稱為「傳統版 GA」，後來隨著 GA 持續的發展，「傳統版 GA」已漸漸被「通用版 GA」（Universal Analytics）所取代。如果各位在安裝 GA 時，是採用全域版（Google Site Tag）的安裝方式，就會在電腦系統中安裝一個全域版容器（container），這個容器中

會內建「通用版 GA」。GA4 是 2020 年底推出的新一代數據分析工具，是 Google Analytics 的第四代產品，主打可以將跨裝置的使用者行為串接起來。

簡單來說，GA4 跟通用版 GA 最大的差異就是可以同時收集網站與 App 的數據，不用再像以前一樣分開來收集。能利用從 App 和網頁取得的數據，自動分析數據並預測未來趨勢，並直接匯整在一起分析與解讀。例如當企業在全域版容器中同時安裝「通用版 GA」及「GA4」，就可以在你所追蹤的網站中，同時讓這兩種版本的 GA 代碼並行運作收集資料數據，不會互相干擾。

15-1-1　GA 工作原理

Google Analytics 網站分析工具主要是利用一種稱之為網頁標記（page tags）的追蹤技術進行資料收集。我們可以將這串程式碼置於網站中的每一網頁，如此一來當使用者連上這個網站時，使用者的瀏覽器就會載入 Google Analytics 的追蹤碼（Google Analytics Tracking Code）。這組追蹤碼會追紀錄顧客在網頁的一舉一動，例如瀏覽了那些商品、在網站上面停留多久等等，並將資料送到 Google Analytics 資料庫，最後在 Google Analytics 以各種類型的報表呈現。

下圖就是加入追蹤程式碼的過程，請複製這段程式碼，並在您想追蹤的每一個網頁上，於 <HEAD> 中當作第一個項目貼上，就可以像 CCTV（監視器）一樣，追蹤到訪客在網頁上的所有行為與足跡。

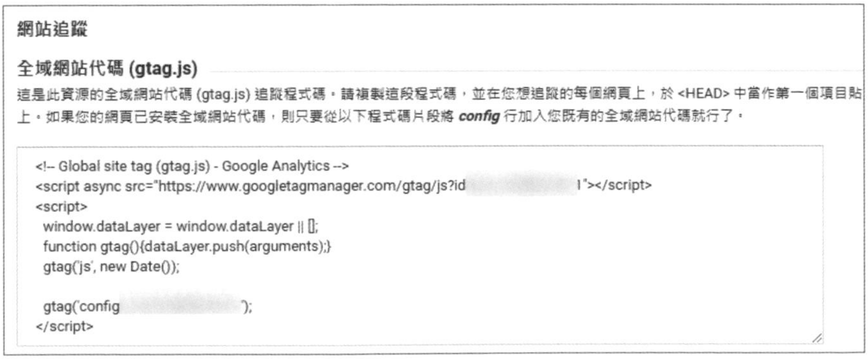

網站追蹤

全域網站代碼 (gtag.js)

這是此資源的全域網站代碼 (gtag.js) 追蹤程式碼，請複製這段程式碼，並在您想追蹤的每個網頁上，於 <HEAD> 中當作第一個項目貼上。如果您的網頁已安裝全域網站代碼，則只要從以下程式碼片段將 *config* 行加入您既有的全域網站代碼就行了。

```
<!-- Global site tag (gtag.js) - Google Analytics -->
<script async src="https://www.googletagmanager.com/gtag/js?id          I"></script>
<script>
  window.dataLayer = window.dataLayer || [];
  function gtag(){dataLayer.push(arguments);}
  gtag('js', new Date());

  gtag('config          );
</script>
```

接下來我們知道要追蹤使用者的瀏覽行為，必須要該位使用者所使用的瀏覽器支援 JavaScript 才可以。不過目前主流的瀏覽器幾乎都支援 JavaScript 語法。以 Chrome 瀏覽器為例，如果要關閉解譯 JavaScript，請在瀏覽器網址列右側按「自訂及管理 Google Chrome」⋮ 鈕，可以參考下圖的設定位置，就可以將 JavaScript 從「已允許」變更成「已封鎖」：

「設定 / 隱私權和安全性 / 網站設定 / 內容 /JavaScript」視窗

15-1-2　GA 與 GA4 入門輕課程

Google 為了兼顧過去「通用版 GA」的使用者，目前「GA 通用版」和「GA4」的資料在儲存與資料結構兩方面都是獨立運作，GA4 的自動化追蹤功能，更能降低行銷人員收集數據上的困難。不過「GA4」與「通用版 GA」還是有許多的差異點，就以資料處理的面向為例，「通用版 GA」是網頁瀏覽與工作階段為主軸進行資料的收集與建構出使用者行為數據。「GA4」則是為了將網站與行動版 APP 的數據整合，並讓使用者有更完整收集資料的權力，「GA4」是以

事件導向的資料模型，特別注重於使用者和事件，去除複雜化的機制，使得 GA4
對於資料收集上的方式更加彈性。

　　過去在「通用版 GA」從觀察網站中所有網頁跳出率的高低就可以判定哪些
網頁有優化改善的空間，但是「GA4」的「參與度」指標所提供的資訊更有助於
了解使用者在網站或行動裝置 APP 中花費的時間，找出最常觸發的事件以及最
多人造訪的網頁和畫面。如果各位準備進行安裝「GA4」之前，有興趣進一步了
解舊版與新版「GA4」的差別，建議可以連上「數據酷」網頁，該網頁以多種角
度來比較兩種數據分析工具的差別：

　　網址如下：https://datasupplied.com/google-analytics-4/meet-ga4/

15-2　安裝 GA 與初始設定

　　如果各位已經在網站安裝 GA 的追蹤碼，在預設的情況下就會提供許多相當
實用的指標及有價值的資訊，例如包括網站流量、訪客來源、行銷活動成效、頁

面拜訪次數、訪客回訪等,這些資訊不需要事先規劃就可以在 GA 提供的多種報表中找到這些寶貴的資訊。

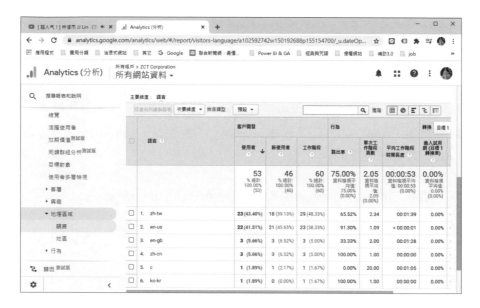

　　假設各位想知道使用者在網站中對某一特定文章的超連結是否有點擊,各位必須事先規劃追蹤這一個使用者行為,GA 才可以依據使用者所自訂的報表,來提供這些事先規劃、有價值的資訊。

15-2-1　申請 Google Analytics

　　各位想要取得 Google Analytics 來幫忙分析網站流量與各種數據,只要三個簡易的步驟就可輕鬆取得:

1. 申請 Google Analytics
2. 將追蹤程式碼依指定方式貼入網頁
3. 解讀 Google Analytics 追蹤網頁所收集相關統計資訊

接下來就開始示範如何申請 Google Analytics 帳號：

步驟 1：請先自行申請一個 Google 帳後，接著請在 Google 搜尋引擎頁面，並於右上角按下「登入」。

以 Google 帳戶進行登入後，輸入 https://analytics.google.com 網址，連上 Google Analytics 官方網頁。在官方網站中說明了 Google Analytics（分析）是一種免費分析商家資料的工具，如果要開始使用 Google Analytics 分析網站流量，請點選網頁的「開始測量」鈕。（因為網頁經常會有所變動，各位在申請使用 Google Analytics 的過程中，或是申請畫面、過程以及示範的內容會稍有一點不同，但申請的流程及要填寫的相關資訊大同小異）

步驟 2：設定所要追蹤的項目：網站或行動應用程式，其中的帳戶名稱、網站名稱及網址都是必須填寫的項目。請在下圖中先填入帳戶名稱：

接著將網頁的頁面往下移動，再按「下一步」鈕：

此處點選「網頁」評估您的網站，再按「下一步」鈕：

步驟 3：再於下圖的「資源設定」處填入網站名稱及網站網址。

步驟 4：按下「建立」鈕後，請勾選 Google Analytics（分析）服務條款，並按「我接受」鈕。

步驟 5：接著就可以產生追蹤 ID，請將下圖中的 Google Analytics（分析）追蹤程式碼複製下來。

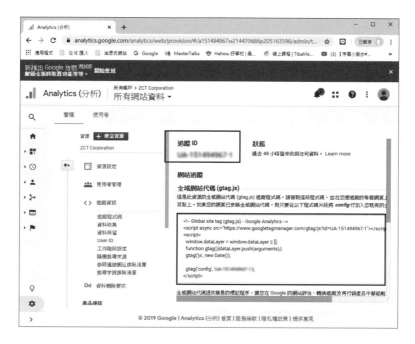

步驟 6：請把這段程式碼放到要追蹤網站的頁面中，作法是將剛才複製的程式碼貼在你要追蹤網站的原始程式碼的 **</head>** 之前，（如果你要追蹤的網站不是自己設計維護的，麻煩請求商家或委外的網站維護技術人員協助），如下圖所示，如此一來就完成追蹤該網頁的設定工作。

```
<!-- Global site tag (gtag.js) - Google Analytics -->
<script async src="https://www.googletagmanager.com/gtag/js?id=UA-151494967-1"></script>
<script>
  window.dataLayer = window.dataLayer || [];
  function gtag(){dataLayer.push(arguments);}
  gtag('js', new Date());

  gtag('config', UA-151494967-1);
</script>

</head>
```

步驟 7：過些時間的收集後，各位就可以在 Google Analytics（分析）查看網站流量、訪客來源…等訪客在網站上的活動統計資訊。

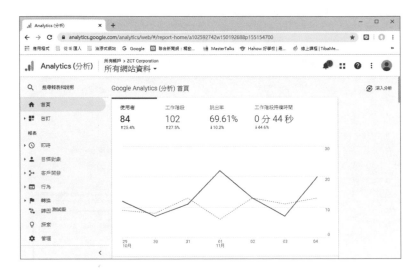

15-2-2　GA 的初始設定

接下來將簡單介紹如何進行帳戶名稱的修正及如何查看追蹤 ID 及追蹤程式碼的內容，這些功能設定被安排在 GA 左下角的「管理」功能。要進入 Google Analytics 的首面，請確定已登入你的 Google 帳戶，並連上底下網址：https://analytics.google.com。

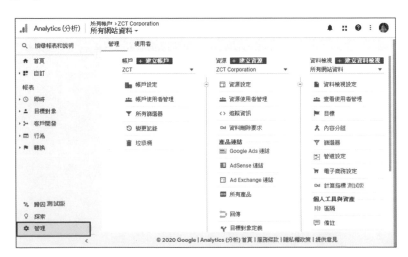

如果要進行帳戶名稱的修改，請按下上圖中的「帳戶設定」鈕，會出現如下圖的帳戶設定視窗外觀，各位可以在此修改帳戶名稱及進行資料共用的設定，此處的資料共用選項可讓您進一步掌控資料的共用方式。

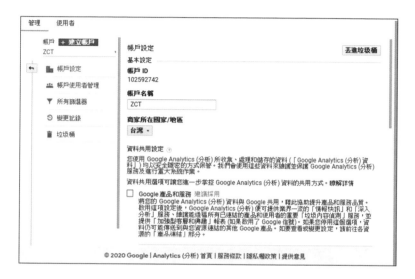

如果要查看追蹤 ID 及追蹤程式碼的內容，則請於「管理」頁面中的「資源」設定區段的「追蹤資訊」底下的「追蹤程式碼」，如下圖所示：

　　按下「追蹤程式碼」，就可以看到自己的追蹤 ID 及此資源的全域網站代碼（gtag.js）追蹤程式碼。各位只要複製這段程式碼，並在您想追蹤的每一個網頁上，於 <HEAD> 中當作第一個項目貼上。

15-3　GA 常見功能與專有名詞簡介

　　Google Analytics 的功能主要是資料收集與資料分析兩大功能，資料收集工作除了有必要了解資料收集的運作原理外，對於資料收集的基本設定，也會影響 Google Analytics 收集資料的運作方式。至於資料分析也是網站分析師必備的另一項技能。我們可以在 Google Analytics 中選擇檢視所需的報表，也可以在報表中自訂各種類型的圖表，諸如橫條圖、區域圖、訪客分佈圖等。下圖則是報表類型為「訪客分佈圖」的設定，主要訪客來源的區域和國家 / 地區以深色標示，可代表流量和互動量。

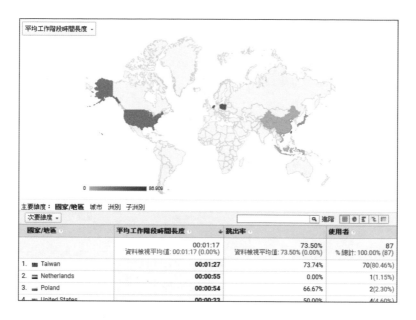

例如當準備解讀 Google Analytics 資料之前，請先設定好所要設定的「目標」報表，這可以讓各位在最短時間內了解自己所需要的後台數據，才能真正找出藏在數據背後的問題，讓你的行銷成本花在刀口上。

首先我們先來看如何搜尋報表，例如可以在 Google Analytics 左側看到「搜尋報表及説明」，這個地方可以輸入所要搜尋的關鍵字，網頁就會列出與該關鍵字相關的報表，輸入「流量」，可以」輕易查詢出與「流量」有關的報表種類：

當各位點選上圖中「即時 / 流量來源」，就可以馬上看到流量來源的報表功能說明，如下圖所示：

在 Google Analytics 首頁的左側功能區有一個「自訂」可以讓各位輕鬆製作打造出一張客製化最符合你需求的數據報表，下面二圖分別是「資訊首頁」及「自訂報表」的設定頁面：

接下來在各位還需要了解幾個經常出現的專有名詞，這樣對於 Google Analytics 的運用上相信會更加左右逢源。

15-3-1　維度與指標

在 Google Analytics 中呈現的報表都是由「維度」和「指標」來標示，各位要看懂 Google Analytics 的報表就要先理解每個維度與指標代表的意義。Google Analytics 報表中所有的可觀察項目都稱為「維度」，例如訪客的特徵：這位訪客是來自哪一個國家 / 地區，或是這位訪客是使用哪一種語言等等。

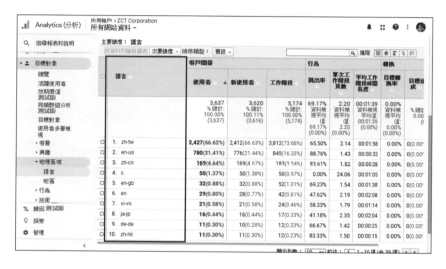

通常除了「主要維度」外，也可以進一步設定「次要維度」，例如不同語言維度中又過濾出使用不同的作業系統，如下圖所示：

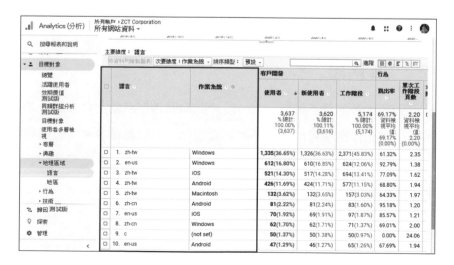

「指標」則是觀察項目量化後的數據，也就是進一步觀察該訪客的相關細節，這是資料的量化評估方式。舉例來說，「語言」維度可連結「使用者」等指標，在報表中就可以觀察到特定語言所有使用者人數的總計值或比率。又例如在「來源/媒介」的維度中可以細節觀察的指標相當多，如使用者、新使用者、工作階段、跳出率、目標轉換率、畫面瀏覽量、單次工作階段頁數和平均工作階段時間長度等，請看下圖所示：

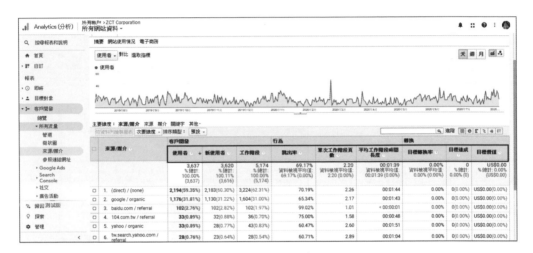

報表是以維度來區分出訪客的特徵，再細項進去觀察各種不同的指標情況，在 Google Analytics 中提供許多種維度與指標供各位選用，並可以組合出所想要觀察的報表，我們將針對幾個較常使用的指標為各位進行介紹。

15-3-2 工作階段

工作階段所代表的意義是指定的一段時間範圍內在網站上發生的多項使用者互動事件；一個工作階段可能包含多個網頁瀏覽、滑鼠點擊事件、社群媒體連結和金流交易。當一個工作階段的結束，可能就代表另一個工作階段的開始，一位使用者也可開啟多個工作階段。

　　這些工作階段可能在同一天內發生，也可以分散在一段時間區間中。工作階段的結束方式有兩種：一種是根據時間決定何時結束，例如：閒置 30 分鐘後或當天午夜後就結束前一個工作階段，並進入另一個新的工作階段。預設，一個工作階段會在閒置 30 分鐘後結束，但您可以調整閒置時間的長度，短至數秒、長至數小時都可以。我們可以在「管理 / 資源」底下設定工作階段逾時的時間設定：

　　另一種工作階段結束的方式則是變更廣告活動，使用者透過某廣告活動連到網站，然後在離開之後又經由另一個廣告活動回到該網站。通常在進行網頁的瀏覽過程，如果看到一個新的廣告活動，這種情況下就會結束舊的工作階段，並重新開始計算為一個新的工作階段，即使這個網頁互動沒有超過工作階段逾時的時間設定預設值 30 分，只要廣告活動的來源不同，就會造成兩個工作階段。這裡要特別補充說明的是 Google Analytics 預設會在晚上 11:59:59 秒讓所有工作階段逾時，並開始新的工作階段，也就是說，如果使用者的瀏覽行為跨午夜，就會被計算為兩個工作階段。

15-3-3 平均工作階段時間長度

「平均工作階段時間長度」是指所有工作階段的總時間長度（秒）除以工作階段總數所求得的數值。在計算平均工作階段時間長度時，Google Analytics 會自行加總指定日期範圍內每一個工作階段的時間長度，然後再除以工作階段總數。例如：

> 總工作階段時間長度：500 分鐘（30,000 秒）
>
> 工作階段總數：20
>
> 平均工作階段時間長度：500 /20 = 25 分鐘（1500 秒）

在「客戶開發 > 所有流量 > 來源 / 媒介」的報表中就可以看到「平均工作階段時間長度」指標：

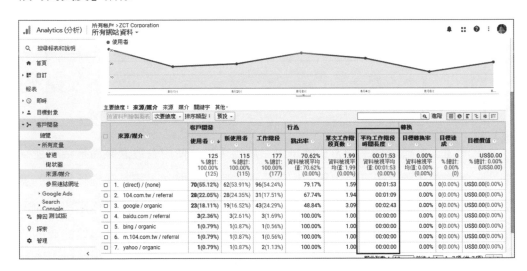

15-3-4 使用者

所謂使用者通常指同一個人，「使用者」指標會顯示與所追蹤的網站互動的使用者人數。例如如果使用者 A 使用「同一部電腦的相同瀏覽器」在一個禮拜

內拜訪了網站 5 次，並造成了 12 次工作階段，這種情況就會被 Google Analytics 紀錄為 1 位使用者、12 次工作階段。Google Analytics 之所以能判斷出是同一位使用者，主要原因是當這位使用者第一次造訪網站時，Google Analytics 所獨有的追蹤技術就會在使用者的瀏覽器中寫入一組 Cookie，這組 Cookie 所記錄的資訊中包括了能夠代表使用者的一組編號，藉由「使用者編號」是否相同就可以判斷出是否為同一位使用者。

當下次同一組相同「使用者編號」的使用者造訪網站所造成的工作階段，在 Google Analytics 就會認定為同一位使用者。下圖中筆者以 Google Chrome 瀏覽器為例，就可以在 Google Chrome 瀏覽器的「設定」頁面的 Cookie 資料裡找到被 Google Analytics 追蹤程式碼寫入瀏覽器 Cookie 中的使用者編號。

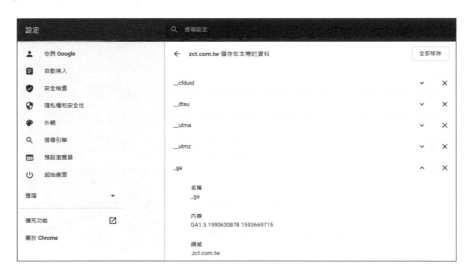

由於 Cookie 是被儲存在瀏覽器中，因此對 Google Analytics 而言，如果在第二次以後的網站造訪是改用不同裝置或瀏覽器，就會被重新分配一組使用者編號，這種情況下會被 Google Analytics 判定為不同的使用者。

15-3-5　到達網頁 / 離開網頁

到達網頁是指使用者拜訪網站的第一個網頁，這一個網頁不一定是該網站的首頁，只要是網站內所有的網頁都可能是到達網頁。而離開網頁是指於使用者工作階段中最後一個瀏覽的網頁。例如我們在一個工作階段中瀏覽了 4 個網頁，如下所示：

網頁 1 > 網頁 2 > 網頁 3 > 網頁 4 > 離開

則網頁 1 為到達網頁，網頁 4 為離開網頁。

15-3-6　跳出率

所謂「跳出」是指使用者進入到網站，並沒有再造訪網站中其它的網頁就離開，也就是說只造訪一個網頁。「跳出率」的計算方式就前面提過從觀察網站中所有網頁跳出率的高低，就可以判定哪些網頁有優化改善的空間。至於有哪些報表可以讓網站管理者來了解各個層面的跳出率，例如：「目標對象總覽」報表提供您網站的整體跳出率。

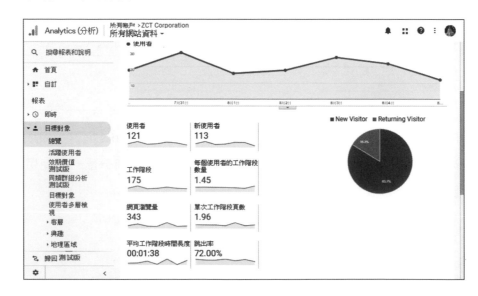

另外在「所有網頁」報表提供每一個網頁的跳出率。

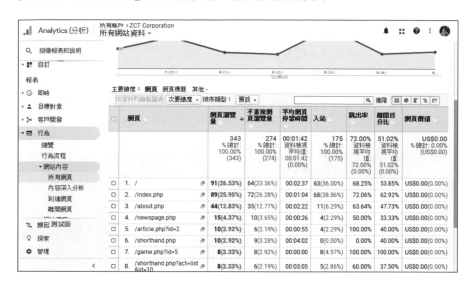

例如「管道」報表提供每一個管道分組的跳出率。「所有流量」報表提供每一個來源 / 媒介組合的跳出率。如果您的整體跳出率偏高，就必須仔細找出到底是哪幾個網頁或哪幾個管道有這種現象，針對需要優化改善的網頁著手改進，以降低跳出率。

15-3-7　離開率

離開率是指使用者瀏覽網站的過程中，訪客離開網站的最終網頁的機率。也就是說，離開率是計算網站多個網頁中的每一個網頁是訪客離開這個網站的最後一個網頁的比率。或是可以說「離開率」是網頁成為工作階段中「最後」的百分比。

如果想進一步比較某個網頁「離開率」與「跳出率」的不同，我們可以用一個簡單的例子來說明最後一點。假設您的網站有網頁 1 到 4，每天只有一個工作階段，探討網站上每天都只有單一工作階段的連續幾天內，「離開率」和「跳出率」指標的意義。

4 月 1 日：網頁 1 > 網頁 2 > 網頁 3 > 網頁 4 > 離開

4 月 2 日：網頁 4 > 離開

4 月 3 日：網頁 1 > 網頁 3 > 網頁 4 > 網頁 2 > 離開

4 月 4 日：網頁 4 > 網頁 3 > 離開

4 月 5 日：網頁 2 > 網頁 4 > 網頁 3 > 網頁 1 > 離開

「離開百分比」和「跳出率」的計算如下：

離開率：

網頁 1：33%（有 3 個工作階段包含網頁 1，有 1 個工作階段從網頁 1 離開）

網頁 2：33%（有 3 個工作階段包含網頁 2，有 1 個工作階段從網頁 2 離開）

網頁 3：25%（有 4 個工作階段包含網頁 3，有 1 個工作階段從網頁 3 離開）

網頁 4：50%（有 5 個工作階段包含網頁 4，有 2 個工作階段從網頁 4 離開）

跳出率：

網頁 1：0%（有 2 個工作階段由網頁 1 開始，但沒有單頁工作階段，因此沒有「跳出率」）

網頁 2：0%（有 1 個工作階段由網頁 2 開始，但沒有單頁工作階段，因此沒有「跳出率」）

網頁 3：0%（有 0 個工作階段由網頁 3 開始）

網頁 4：50%（有 2 個工作階段由網頁 4 開始，但有一個單頁跳離，因此「跳出率」為 50%）

15-3-8　目標轉換率

目標轉換率就是將轉換目標的各個階段區分清楚，計算每一個階段從起始的用戶數到達成目標用戶數的比例。例如我們設定進入購物車網頁為轉換目標時，如果來訪的訪客中有 1,000 訪客，但其中會有 250 位訪客會進入購物車網站，則我們可以稱目標轉換率 25%。

15-3-9　瀏覽量 / 不重複瀏覽量

網頁瀏覽量是指在瀏覽器中載入某個網頁的次數，也就是瀏覽的總網頁數。如果以 Google Analytics 所植入的追蹤程式碼的判斷原則，只要一進入網站的其中一個網頁，瀏覽量的次數就會加 1，當使用者逛到其他網頁，又回訪之前的網頁，也會算成另一次網頁瀏覽。至於「不重複瀏覽量」（Unique Page view）是指同一位使用者在同一個工作階段中產生的網頁瀏覽，也代表該網頁獲得至少一次瀏覽的工作階段數（或稱拜訪次數）。

15-3-10　平均網頁停留時間

最後有關網頁停留時間的說明，在 Google Analytics 網站分析報表中有很多表格都會看到「平均網頁停留時間」這項指標，例如「行為 > 網站內容 > 內容深入分析」報表中就可以看到平均網頁停留時間相關數據。如下圖所示：

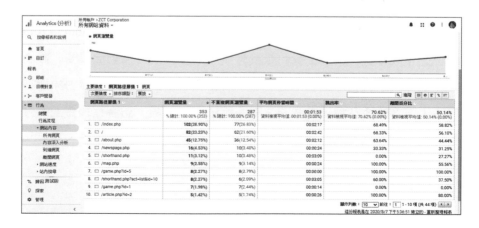

另外在 Google Analytics 說明中心也有提出平均停留時間計算公式如下：

總造訪停留時間：1000 分鐘

總造訪次數：100 次

平均造訪停留時間：1000/100 = 10 分鐘

15-4　認識 GA 常用報表

　　各位可以在 Google Analytics 左側看到各種報表分類，包括：「目標對象」、「客戶開發」、「行為」、「轉換」等，依據報表的特性，只要按幾下就能決定要查看的資料並自訂報表，每一種報表除了總覽功能外，還會細分出該報表分類下的不同細項報表，各位只要點選每一個頁面的最上方，就會有該頁使用說明或是影片的輔助說明。

　　Google Analytics 在預設環境下提供超過 100 種報表，不同類型的報表分別提供不同的數據洞察力，包括：受眾分析、流量來源、使用者行為、使用者轉換數據等四個維度的數據，以提供各位使用者不同的洞察力。使用 Google Analytics 前，有必要摘要說明這四大類型報表的功能。

15-4-1　目標對象報表

　　目標對象報表的重點在於提供訪客的相關資訊，也是登入 Google Analytics 最先出現的預設報表。網路上我們並沒有辦法直接與訪客面對面接觸，除了個人資料外，目標對象報表能讓我們更清楚了解目標客群的特徵，目標對象所提供的資訊包括：訪客的所在地、訪客的性別、年齡層、興趣、訪客在網頁上的停留時間和瀏覽數、訪客使用的裝置、國家 / 地區、作業系統、行動裝置、平板，或是桌機等：

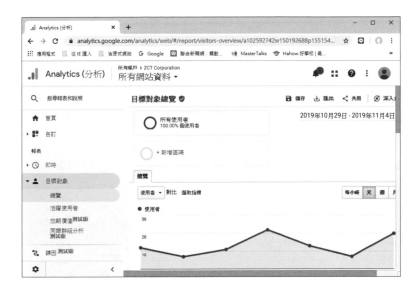

在「目標對象」底下的「行動裝置」報表可以看到訪客所使用的手機品牌、規格型號和作業系統、服務供應商、輸入選擇工具等等，可以做為行動版的開發規格與客群的相關參考依據：

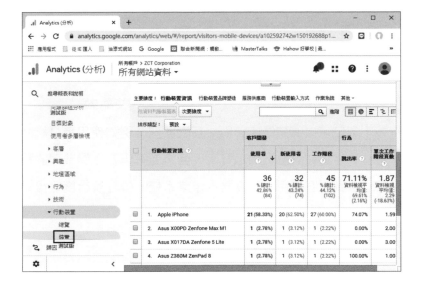

　　「效期價值」項目則可以評估訪客是從各種管道、來源、媒介所帶來的效期價值（Life time value），最多可以查看 90 天的數據，並且快速比較不同類型流量價值，透過趨勢研究進而分析網站與行銷活動的經營現況。

　　另外「客層」和「興趣」項目提供了「總覽」報表，「客層」可以看到瀏覽訪客的網站的使用者的年齡區間、性別，「興趣」可以看到他們可能在 Google cookie 中留下的資訊，「地理區域」可以看到瀏覽者所在的位置以及使用的語言等。

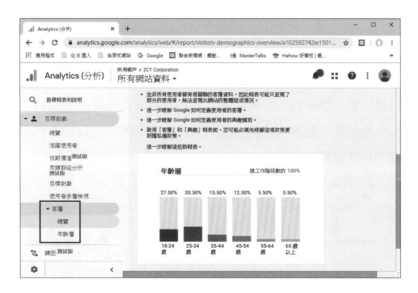

　　在「行為」項目可以清楚訪客與網站互動狀況，例如使用者是網站的新訪客或回訪者、這些訪客在你網站上的瀏覽率、回流頻率以及主動參與的程度，而在「技術」中可以看到訪客使用的瀏覽器、作業系統、螢幕解析度等資訊。

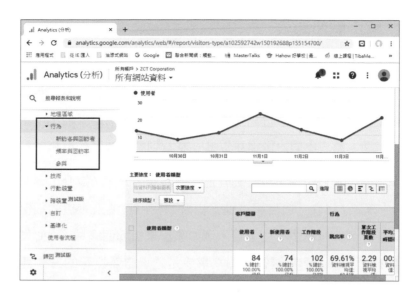

如果各位想要更清楚忠實訪客的行為，可以回到目標對象點開來的「使用者多層檢視」中，以不同的篩選條件篩選，找到該使用者的使用習慣和行為，例如交易次數最多、平均工作階段時間長度最長等。

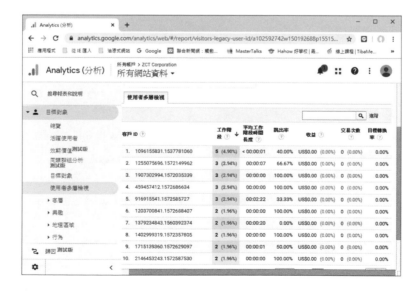

15-4-2 客戶開發報表

客戶開發報表的重點在於告訴你訪客的來源，了解不同來源的流量數據與工作階段，還能在不同的流量來源中，做到最好的資源配置，當然也能提供網站上最受歡迎的活動數據，分析行銷活動成效與執行行銷活動最佳化，跟「目標對象」下的「總覽」報表不同之處還可以進一步看到訪客做了什麼樣的搜尋。

「所有流量」項目中則可以看到管道、樹狀圖、來源 / 媒介、參照連結網址四個報表，「來源 / 媒介」項目可以進一步看到使用者進入管道的細節，流量來源將會以來源、媒介這兩個維度呈現。例如流量來自哪個網域、CPC 廣告造訪的流量、反向連結流量、瀏覽臉書時的文章或是透過自然搜尋的方式連上你的網站。當各位舉辦商品促銷活動，還可以交叉比較數個不同管道的活動宣傳或行銷成效，並能判斷出在那些特定管道，哪一種行銷活動的成效最好。

報表中的廣告活動詳情可依自己的需求提供更深入的資訊，例如顯示特定橫幅廣告的成效，或是追蹤到哪一封郵件最能吸引顧客瀏覽網頁、行銷郵件中有哪些連結客戶最感興趣等。

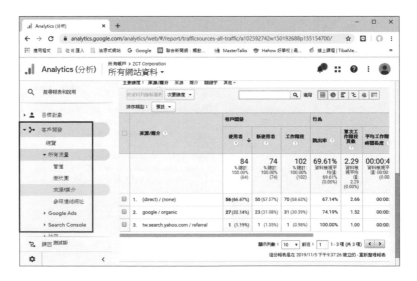

如果網站有使用 Google 關鍵字廣告，還可以將 Google Adwords 帳戶與 Google Analytics 帳號連結起來，「Adwords」項目中可以看到訪客的點擊、廣告的花費、流量的工作階段以及不同關鍵字的流量。至於 Search Console 是一種搜尋的優化工具，可以檢測你的網站對於搜尋引擎的友好程度與熱門關鍵字。

「社交」項目內主要提供社群網站的流量資訊，有關社群活動的行為也會被記錄在這裡，例如 Facebook 帶給你的流量、按讚或分享數、討論情況等等，可以做為各個社群平台的資料分析工具。

15-4-3　行為報表

行為報表主要觀察訪客在網站上的活動資訊，可以看到訪客在你的網站上行為流程，細節還包括瀏覽哪些內容、是否第一次造訪、重複瀏覽的訪客、網頁內容分析、讀取網站的速度、最常被瀏覽的頁面、使用者連結的管道、瀏覽網站頻率、回流的頻率等。

例如「網站內容」可以看出哪些是網站中最受歡迎的內容與平均停留時間、跳出率等互動指標。「網站速度」可以看到在人們常看的網頁中，哪些網頁的載入時間太慢，網頁的操作時間及使用者的平均網頁載入時間的速度建議。

透過「站內搜尋」觀察，可以更了解訪客的需求與意向，例如對哪些主題有興趣、哪些主題的關鍵字比較熱門，或對那些操作或產品想進一步了解，哪些是熱門搜尋的關鍵字等，日後也能藉此優化站內搜尋的功能。透過這些資訊，可以協助找出是什麼原因讓網頁載入的時間過長，來幫助各位對不同的網頁內容進行優化的工作。

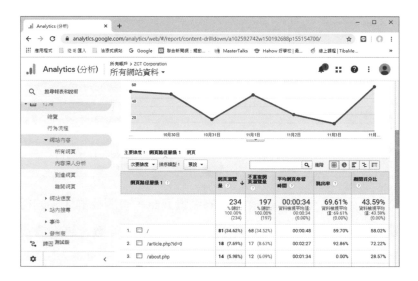

15-4-4 轉換報表

轉換報表主要告訴你哪些訪客有可能成為潛在客戶，幫助你做好轉換優化（Conversion Rate Optimization, CRO）的工作。轉換率（Conversion Rate）是將這些轉換訪客的比例算出來，CRO 則是藉由讓網站內容優化來提高轉換率，達到以最低的成本得到最高的投資報酬率。

例如轉換報表中「電子商務」會提供產品業績、銷售業績、交易次數等資訊，除了電子商務報表外，在轉換報表分類下也另外收錄「多管道程序」以及「歸因」兩項報表。「多管道程序」會顯示造成轉換的行銷活動中有哪些重疊的部分與根據訪客造訪的來源觀察轉換情況，「歸因」是觀察訪客每次造訪所透過的來源，可藉由設定各個重疊的廣告活動帶來的實際金錢利益。

15-5　GA 標準報表組成與環境說明

Google Analytics 提供許多種類的報表外觀，但是大部的標準報表的外觀會有一些固定的介面安排，本小節將以「管道」標準報表的介面為各位快速説明一份標準報表的組成元素及基礎操作。請各位先開啟「客戶開發」底下的「所有流量」中的「管道」報表，會看到類似如下圖的報表外觀：

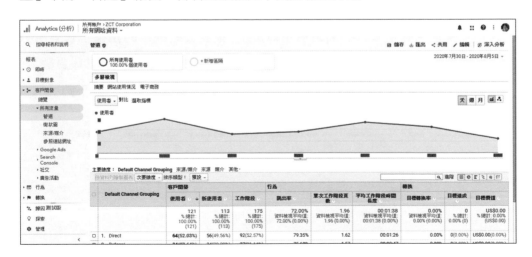

接著我們就來說明上述介面中各元件的功能說明。

☐ ○ 所有使用者
100.00% 個使用者

通常 Google Analytics 在網站分析的資料量非常大時，為了加速資料分析及降低分析過程所花費的時間及硬體資源的成本，有時可能只會取某一部份的樣本進行資料分析。儘管如此，只要所取用的樣本數量足以代表這個大量的資料數據，所得到的分析結果也具有相當程度的參考價值。

☐ 摘要　網站使用情況　電子商務

這個部份可以讓使用者選取不同數據指標來進行報表的切換工作，以我們目前的報表為例，這份報表是「客戶開發」底下的「管道」報表，在「管道」報表內，就可以看到「網站使用情況」、「電子商務」等不同的數據指標，當進入「管道」的預設報表就會摘要出客戶開發、行為、轉換等指標，如下圖所示：

	Default Channel Grouping	客戶開發			行為			轉換		
		使用者	↓ 新使用者	工作階段	跳出率	單次工作階段頁數	平均工作階段時間長度	目標轉換率	目標達成	目標價值
		121 % 總計： 100.00% (121)	113 % 總計： 100.00% (113)	175 % 總計： 100.00% (175)	72.00% 資料檢視平均值： 72.00% (0.00%)	1.96 資料檢視平均值： 1.96 (0.00%)	00:01:38 資料檢視平均值： 00:01:38 (0.00%)	0.00% 資料檢視平均值： 0.00% (0.00%)	0 % 總計： 0.00% (0)	US$0.00 % 總計：0.00% (US$0.00)
☐	1. Direct	64(52.03%)	56(49.56%)	92(52.57%)	79.35%	1.62	00:01:26	0.00%	0(0.00%)	US$0.00(0.00%)
☐	2. Referral	34(27.64%)	34(30.09%)	37(21.14%)	75.68%	1.57	00:00:47	0.00%	0(0.00%)	US$0.00(0.00%)
☐	3. Organic Search	25(20.33%)	23(20.35%)	46(26.29%)	54.35%	2.96	00:02:44	0.00%	0(0.00%)	US$0.00(0.00%)

但如果使用者切換到「網站使用情況」，報表上所觀察的指標也會有所更動，例如底下的指標已變更成「使用者」、「工作階段」、「單次工作階段頁數」、「平均工作階段時間」、「新工作階段百比分」、「跳出率」等指標，如下圖所示：

	Default Channel Grouping	使用者	↓ 工作階段	單次工作階段頁數	平均工作階段時間長度	新工作階段百分比	跳出率
		121 % 總計：100.00% (121)	175 % 總計：100.00% (175)	1.96 資料檢視平均值：1.96 (0.00%)	00:01:38 資料檢視平均值：00:01:38 (0.00%)	64.57% 資料檢視平均值：64.57% (0.00%)	72.00% 資料檢視平均值：72.00% (0.00%)
☐	1. Direct	64(52.03%)	92(52.57%)	1.62	00:01:26	60.87%	79.35%
☐	2. Referral	34(27.64%)	37(21.14%)	1.57	00:00:47	91.89%	75.68%
☐	3. Organic Search	25(20.33%)	46(26.29%)	2.96	00:02:44	50.00%	54.35%

這個地方可供使用者選取在折線圖表上要以哪一種指標顯示，除了顯示單一指標外，各位也可以按下「對比」後面的「選取指標」，可以讓使用者再選取第二個指標，以方便使用者進行兩個指標間的關係變化的比對。

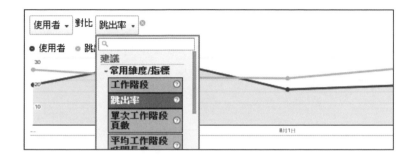

例如下圖就是「使用者」指標對比「跳出率」指標所呈現的折線圖表的外觀：

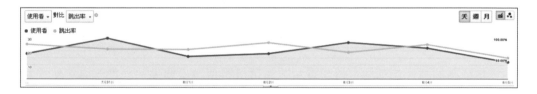

這個區塊可以選擇主要維度及次要維度，直接依照自己的需求切換到想要顯示維度的報表外觀，另外，不同類型的報表可允許切換的維度也會有所不同，例如下圖就是本節解說的範例報表切換到「來源 / 媒介」指標的外觀，當切換到「來源 / 媒介」這個維度，各位就可以發現報表的維度也會更改為「來源 / 媒介」，如下圖所示：

主要維度： Default Channel Grouping 來源/媒介 來源 媒介 其他▾

依資料列繪製圖表 次要維度▾ 排序類型： 預設▾

	來源/媒介	客戶開發			行為			轉換		
		使用者 ↓	新使用者	工作階段	跳出率	單次工作階段頁數	平均工作階段時間長度	目標轉換率	目標達成	目標價值
		121 % 總計： 100.00% (121)	113 % 總計： 100.00% (113)	175 % 總計： 100.00% (175)	72.00% 資料檢視平均值： 72.00% (0.00%)	1.96 資料檢視平均值： 1.96 (0.00%)	00:01:38 資料檢視平均值： 00:01:38 (0.00%)	0.00% 資料檢視平均值： 0.00% (0.00%)	0 % 總計： 0.00% (0)	US$0.00 % 總計：0.00% (US$0.00)
☐	1. (direct) / (none)	64(52.03%)	56(49.56%)	92(52.57%)	79.35%	1.62	00:01:26	0.00%	0(0.00%)	US$0.00(0.00%)
☐	2. 104.com.tw / referral	30(24.39%)	30(26.55%)	33(18.86%)	72.73%	1.64	00:00:52	0.00%	0(0.00%)	US$0.00(0.00%)
☐	3. google / organic	23(18.70%)	21(18.58%)	43(24.57%)	51.16%	3.09	00:02:55	0.00%	0(0.00%)	US$0.00(0.00%)
☐	4. baidu.com / referral	3(2.44%)	3(2.65%)	3(1.71%)	100.00%	1.00	00:00:00	0.00%	0(0.00%)	US$0.00(0.00%)
☐	5. bing / organic	1(0.81%)	1(0.88%)	1(0.57%)	100.00%	1.00	00:00:00	0.00%	0(0.00%)	US$0.00(0.00%)
☐	6. m.104.com.tw / referral	1(0.81%)	1(0.88%)	1(0.57%)	100.00%	1.00	00:00:00	0.00%	0(0.00%)	US$0.00(0.00%)

　　除了可以變更「主要維度」外，不同的報表也有各種類型的「次要維度」可供選擇，例如下圖的「主要維度」為「來源 / 媒介」，「次要維度」為「到達網頁」：

主要維度： Default Channel Grouping 來源/媒介 來源 媒介 其他▾

依資料列繪製圖表 次要維度：到達網頁▾ 排序類型： 預設▾

	來源/媒介	到達網頁	客戶開發			行為			轉換		
			使用者	新使用者	工作階段	跳出率	單次工作階段頁數	平均工作階段時間長度	目標轉換率	目標達成	目標價值
			121 % 總計： 100.00% (121)	113 % 總計： 100.00% (113)	175 % 總計： 100.00% (175)	72.00% 資料檢視平均值：72.00% (0.00%)	1.96 資料檢視平均值：1.96 (0.00%)	00:01:38 資料檢視平均值：00:01:38 (0.00%)	0.00% 資料檢視平均值：0.00% (0.00%)	0 % 總計： 0.00% (0)	US$0.00 % 總計：0.00% (US$0.00)
☐	1. 104.com.tw / referral	/index.php	30(22.56%)	30(26.55%)	33(18.86%)	72.73%	1.64	00:00:52	0.00%	0(0.00%)	US$0.00(0.00%)
☐	2. (direct) / (none)	/index.php	28(21.05%)	25(22.12%)	31(17.71%)	77.42%	1.45	00:00:18	0.00%	0(0.00%)	US$0.00(0.00%)
☐	3. (direct) / (none)	/index	19(14.29%)	13(11.50%)	39(22.29%)	76.92%	1.79	00:01:38	0.00%	0(0.00%)	US$0.00(0.00%)
☐	4. google / organic	/	10(7.52%)	10(8.85%)	21(12.00%)	47.62%	3.00	00:03:09	0.00%	0(0.00%)	US$0.00(0.00%)
☐	5. (direct) / (none)	/game.php?id=5	8(6.02%)	8(7.08%)	8(4.57%)	100.00%	1.00	00:00:00	0.00%	0(0.00%)	US$0.00(0.00%)
☐	6. (direct) / (none)	/article.php?id=2	4(3.01%)	4(3.54%)	4(2.29%)	100.00%	1.00	00:00:00	0.00%	0(0.00%)	US$0.00(0.00%)

　　各位應該有注意到在每份報表右下角可以選擇這份報表一次顯示多少列，在沒有特別設定的情況下，Google Analytics 預設一次只能觀察 10 列，如果希望更改一次可以觀察更多的數列，可以參考下圖進行一次顯示多少列數的修改：

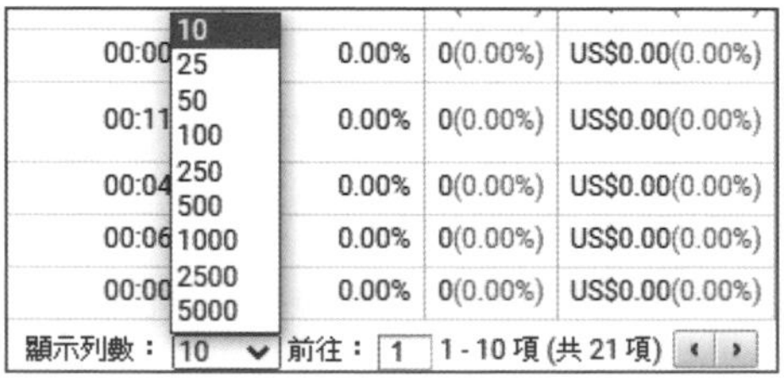

00:00	**10** 25	0.00%	0(0.00%)	US$0.00(0.00%)
00:11	50 100	0.00%	0(0.00%)	US$0.00(0.00%)
00:04	250 500	0.00%	0(0.00%)	US$0.00(0.00%)
00:06	1000	0.00%	0(0.00%)	US$0.00(0.00%)
00:00	2500 5000	0.00%	0(0.00%)	US$0.00(0.00%)

顯示列數： 10 ▾　前往： 1 　1 - 10 項 (共 21 項) ◀ ▶

□ 　🔖 儲存　⤓ 匯出　< 共用　✏ 編輯　⊘ 深入分析

　　這個區塊主要與報表儲存、匯出、編輯與共用協作有關，其中儲存後報表可
以在 Google Analytics 左側的導覽列的「已儲存報表」找到，而
如果各位想將資料匯出到 Excel 或不同資料格式再進行更進一步
的處理，就可以透過「匯出」的功能，目前 Google Analytics 支
援的匯出格式如右圖所示：

> ⤓ 匯出　< 共用
> ⅃ PDF
> ▤ Google 試算表
> ✕ Excel (XLSX)
> ˒ CSV

　　其中 CSV 格式是一種常見的開放資料格式，不同的應用程式如果想要交
換資料，必須透過通用的資料格式，CSV 格式就是其中一種，全名為 Comma-
Separated Values，欄位之間以逗號（,）分隔，與 txt 檔一樣都是純文字檔案，可
以用記事本等文字編輯器編輯。CSV 格式常用在試算表以及資料庫，像是 Excel
檔可以將資料匯出成 CSV 格式，也可以匯入 CSV 檔案編輯。網路上許多的開放
資料（Open Data）通常也會提供使用者直接下載 CSV 格式資料，當您學會了
CSV 檔的處理之後，就可以將這些資料做更多的分析應用了。下圖就是一種 CSV
格式的外觀：

```
# -------------------------------------
# 所有網站資料
# 管道
# 20200730-20200805
# -------------------------------------

Default Channel Grouping,使用者,新使用者,工作階段,跳出率,單次工作階段頁數,平均工作階段時間長度,目標轉換率,目標達成,目標價值
Direct,64,56,92,79.35%,1.62,00:01:26,0.00%,0,US$0.00
Referral,34,34,37,75.68%,1.57,00:00:47,0.00%,0,US$0.00
Organic Search,25,23,46,54.35%,2.96,00:02:44,0.00%,0,US$0.00
,123,113,175,72.00%,1.96,00:01:38,0.00%,0,US$0.00

日索引,使用者
2020/7/30,18
2020/7/31,29
2020/8/1,16
2020/8/2,18
2020/8/3,26
2020/8/4,22
2020/8/5,12
,141
```

其中「共用」功能可以允許各位以電子郵件的方式寄送報表給公司相關人員查看報表所摘要的資訊重點，下圖中附件的選項可以選擇 PDF、Excel（XLSX）、CSV 三種格式：

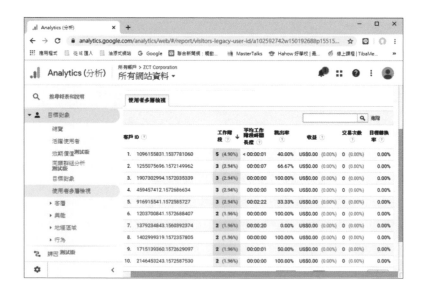

而「編輯」功能可以將這份報表轉換成「自訂報表」，方便使用者可以以更快速的方式建立自訂的報表。

☐ 2020年7月30日 - 2020年8月5日 ▾

這個區塊可以設定想要查看的時間區間，只要按下右側的下拉式三角形，就可以開啟如下的時間設定區塊，可讓各位設定日期範圍及想比較的時間區間。

除了查看某一日期範圍的報表資料外，也可以和另一個日期範圍進行比較，例如如果要與上一個時間進行比較，請記得先勾選「相較於」前面的核取方塊，就會在報表中的折線圖與資料表中同時列出這兩種日期範圍的資料數據，以利使用者進行彼此之間的比較，如下面二圖所示：

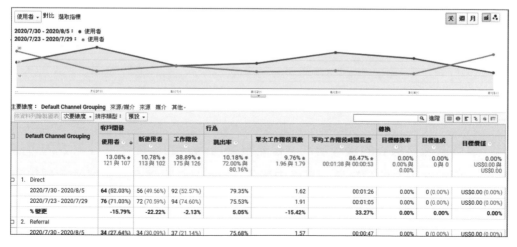

❑ 　天　週　月

這個區塊可以圖表折線圖的表現方式以天或週或月其中一種方式來呈現，請參考下列三圖，分別為以天、週、月的圖表外觀變化：

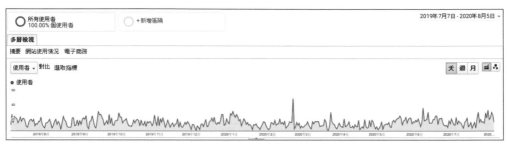

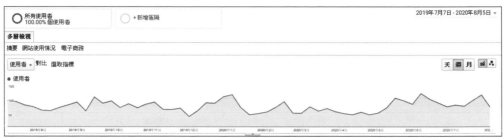

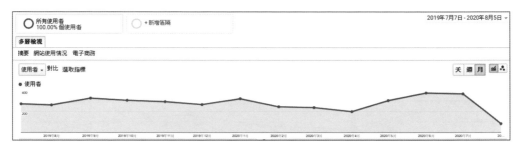

❑ 　

這個區塊是報表的搜尋功能，它能根據所輸入的關鍵字進行報表內容的篩選，例如在下方的「來源」報表中輸入「google」關鍵字就會幫忙篩選出和 google 相關的來源，如下面二圖所示：

主要維度： Default Channel Grouping　來源/媒介　**來源**　媒介　其他▾

[依資料列繪製圖表]　次要維度▾　排序類型：　預設 ▾　　　　　　　　　　　　　　google　🔍

來源	客戶開發			行為				轉換
	使用者 ↓	新使用者	工作階段	跳出率	單次工作階段頁數	平均工作階段時間長度		目標轉換率
	3,637 % 總計： 100.00% (3,637)	3,620 % 總計： 100.11% (3,616)	5,174 % 總計： 100.00% (5,174)	69.17% 資料檢視平均值： 69.17% (0.00%)	2.20 資料檢視平均值： 2.20 (0.00%)	00:01:39 資料檢視平均值： 00:01:39 (0.00%)		0.00% 資料檢視平均值： 0.00% (0.00%)
☐　1.　(direct)	2,194(59.35%)	2,183(60.30%)	3,224(62.31%)	70.19%	2.26	00:01:44		0.00%
☐　2.　google	1,176(31.81%)	1,130(31.22%)	1,604(31.00%)	65.34%	2.17	00:01:43		0.00%
☐　3.　baidu.com	102(2.76%)	102(2.82%)	102(1.97%)	99.02%	1.01	< 00:00:01		0.00%
☐　4.　104.com.tw	33(0.89%)	32(0.88%)	36(0.70%)	75.00%	1.58	00:00:48		0.00%
☐　5.　yahoo	33(0.89%)	28(0.77%)	43(0.83%)	60.47%	2.60	00:01:51		0.00%
☐　6.　tw.search.yahoo.com	28(0.76%)	23(0.64%)	28(0.54%)	60.71%	2.89	00:01:04		0.00%
☐　7.　baidu	27(0.73%)	24(0.66%)	28(0.54%)	57.14%	3.04	00:00:42		0.00%
☐　8.　facebook.com	24(0.65%)	23(0.64%)	26(0.50%)	88.46%	1.23	00:00:15		0.00%
☐　9.　bing	13(0.35%)	13(0.36%)	13(0.25%)	84.62%	1.62	00:02:11		0.00%
☐　10.　hsiujulee.pixnet.net	10(0.27%)	10(0.28%)	11(0.21%)	72.73%	1.27	00:00:22		0.00%

次要維度 ▾　排序類型：　預設 ▾　　　　　　　　　　　　　　googel　⊗🔍

來源	客戶開發			行為			轉換
	使用者 ↓	新使用者	工作階段	跳出率	單次工作階段頁數	平均工作階段時間長度	目標轉換率
	0 % 總計: 0.00% (3,637)	0 % 總計: 0.00% (3,616)	0 % 總計: 0.00% (5,174)	0.00% 資料檢視平均值: 69.17% (-100.00%)	0.00 資料檢視平均值: 2.20 (-100.00%)	00:00:00 資料檢視平均值: 00:01:39 (-100.00%)	0.00% 資料檢視平均值: 0.00% (0.00%)

　　當搜尋到和 google 相關的來源，報表中只會列出和 google 有關的來源，如果要結束篩選回復到未篩選前的報表外觀，只要按一下輸入方塊右側的 ⊗ 鈕，就可以回復到未篩選前的報表外觀。

　　另外如果要進行進階的篩選功能，只要按下搜尋方塊右側的「進階」按鈕就會開啟。如下圖的進階篩選的視窗，可以讓各位作更進階的搜尋：

　　舉例來說，如果排除「**google**」而且使用者人數要大於 30 人，則進階搜尋的操作步驟參考如下：

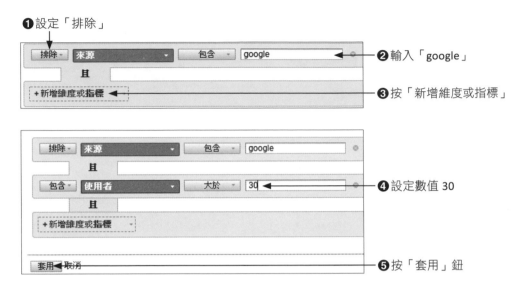

❶ 設定「排除」

❷ 輸入「google」

❸ 按「新增維度或指標」

❹ 設定數值 30

❺ 按「套用」鈕

❼ 按此關閉鈕可以將進階篩選器的功能關閉

❻ 出現進階搜尋篩選後的圖表內容

15-6　在 GA 環境中新建 GA4

前面提到 2012 年的通用版 GA 是目前主流的版本，這個版本的函式庫檔名為「analytics.js」，其追蹤的程式代碼外觀類似如下：

```
<script>
(function(i,s,o,g,r,a,m){i['GoogleAnalyticsObject']=r;i[r]=i[r]||function(){
(i[r].q=i[r].q||[]).push(arguments)},i[r].l=1*new Date();a=s.createElement(o),
m=s.getElementsByTagName(o)[0];a.async=1;a.src=g;m.parentNode.insertBefore(a,m)
```

```
})(window,document,'script','https://www.google-analytics.com/analytics.js','ga');

ga('create', 'UA-102592742-1', 'auto');
ga('send', 'pageview');

</script>
```

不過，在 2017 年 Google 又推出了「全域版 GA」，這個版本的函式庫檔名為
「gtags.js」，但事實上，它並不是另一個全新版本的 GA，這個版本是一種容器
（Container）的作法，在安裝「全域版 GA」容器的同時，會一併安裝內建在這
個容器的「通用版 GA」。不過安裝容器的另一項好處，就是這個容器不僅可以安
裝內建的「通用版 GA」，也可以加入其它代碼，這樣就可以允許同時安裝「通用
版 GA」與「GA4」，讓兩種數據分析工具同時運行。

接下來我們將示範如果你要追蹤的網站已安裝「全域版 GA」，這種情況下如
果要讓「通用版 GA」與「GA4」兩者並存平行運作，只要新建「GA4 資源」即
可。各位要確認你所追蹤的網頁的代碼是否為全域版代碼，其追蹤程式代碼外觀
類似如下：

```
<!-- Global site tag (gtag.js) - Google Analytics -->
<script async src="https://www.googletagmanager.com/gtag/js?id=UA-102592742-1"></script>
<script>
  window.dataLayer = window.dataLayer || [];
  function gtag(){dataLayer.push(arguments);}
  gtag('js', new Date());

  gtag('config', 'UA-102592742-1');
</script>
```

15-6-1　新建 GA4 資源

各位要在已安裝「全域版 GA」的網站中新建「GA4 資源」作法相當簡易，
只要在 Google Analytics 後台的管理介面的首頁中，切換至指定帳戶的「通用版

GA」資源，並點選資源欄中的「Google Analytics（分析）4 設定輔助程式」，並跟著步驟的指示進行操作，最後再將這個「GA4 資源」安裝到所要追蹤的網站上。底下為如何新建「GA4 資源」的操作示範：

❷在「通用版 GA」管理介面的首頁點選資源欄下的「Google Analytics（分析）4 設定輔助程式」

❶按此鈕進入管理介面

❸按「開始使用」

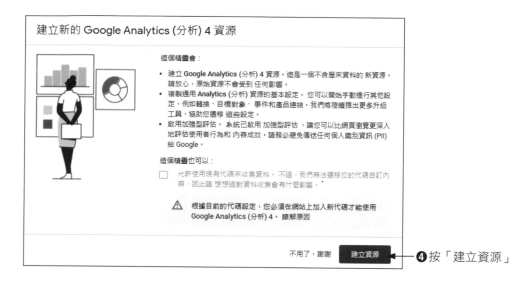

❹ 按「建立資源」

　　經過上述的步驟，新建好「GA4 資源」後，接著要取得網頁的「GA4 串流 ID」。其作法是從 GA 報表區點擊左下方的齒輪圖示，就可以進入 GA 後台的管理介面的首頁，再從首頁中選定帳戶，並選擇 GA4 資源，再從畫面中選擇「資料串流」，就會進入如下圖所示的資料串流清單的頁面：

點選清單中唯一的網頁資料串流，接著會開啟「網頁串流詳情」頁面

如何收集 APP 的數據？

目前下圖的 GA4 資料串流清單只有網站的資料來源，如果我們想將 iOS App 或 Android App 所收集到的數據也納入這個資源，只要點選下圖中右側的下拉式選單，再依畫面的說明與指示引導，就可以將「iOS 應用程式」或「Android 應用程式」的資料來源納入 GA4 的資料串流清單。

這個頁面中可以取得這個串流的 ID，接著複製「評估 ID」，並關閉「網頁串流詳情」頁面

接下來的工作就是將網頁串流的「評估 ID」和全域版容器進行連結，首先請回到管理介面首面，並選取「通用版 GA」資源，再進入「追蹤資訊」底下的「追蹤」，再「已連結的網站代碼」工作區，其它操作步驟如下所示：

按此下拉鈕開啟「已連結網站代碼」的工作區

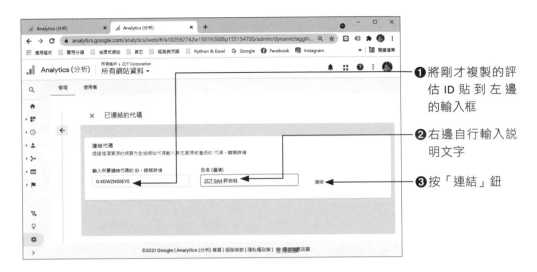

❶將剛才複製的評估 ID 貼到左邊的輸入框

❷右邊自行輸入説明文字

❸按「連結」鈕

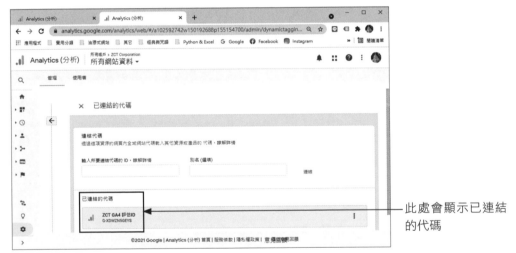

此處會顯示已連結的代碼

　　完成上述的工作後，就完成將 GA4 連結代碼加入全域版容器的過程。接著再回到 GA 管理介面首頁，並從左上角切換到 GA4，再從左側的選單中點選「即時」項目，就會開啟如下圖的 GA4 即時報表。

GA4 即時報表

15-6-2　示範帳戶的功用

　　Google 官方為了方便網站資料分析人員熟悉各種 GA 報表的功能細節，提供了「示範帳戶」的資料，如此一來，各位使用者如果想先熟悉及學習電子商務報表的功能，可以先行利用 Google 官方提供的「示範帳戶」，作法如下，首先請連上底下網址：https://support.google.com/analytics/answer/6367342?hl=zh-Hant

接著按一下「存取示範帳戶」的文字連結，會進入下圖畫面：

直接按下「儲存」鈕，就可以看到該示範帳戶所提供的報表資料。下圖為
GA 示範帳戶的首頁，這個檢視資源是安裝於「Google Merchandise Store」網站
的「通用版 GA」的相關報表及數據分析：

示範帳戶首頁是呈現「通用版 GA」的報表及數據分析，當各位點擊上圖中
的「1 Master View」右方的下拉式三角形，就可以看到示範帳戶下的三個資源。

示範帳戶下的三個資源

從上圖中各位可以看到示範帳戶下由上而下有三個資源，其中第二個選項是安裝於「Google Merchandise Store」網站的 GA4，例如下圖就是 GA4 的即時報表的外觀：

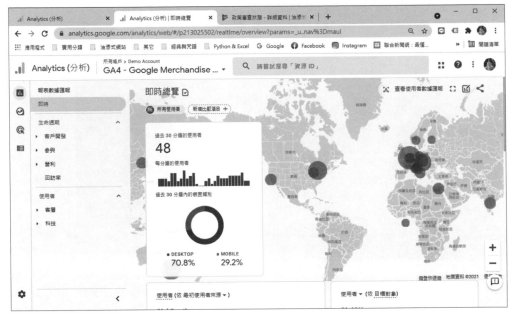

安裝於電商網站 GA4 的即時報表的外觀

第一個選項資源則是整合「Flood it!」網站（Web）及 App 電玩遊戲平台的 GA4 報表相關報表及數據分析。

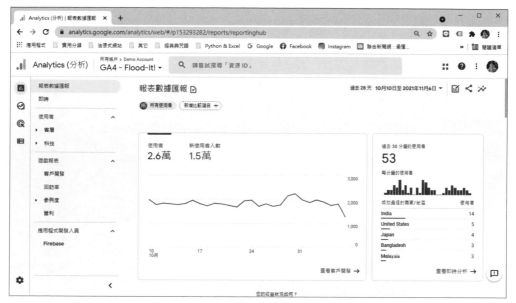

「Flood it!」網站（Web）及 App 電玩遊戲平台示範帳戶資源

16

ChatGPT 與 Google
超強必殺技

今年度科技界最火紅的話題絕對離不開 ChatGPT，ChatGPT 引爆生成式 AI 革命，首當其衝的社群行銷，目前網路、社群上對於 ChatGPT 的討論已經沸沸揚揚。ChatGPT 是由 OpenAI 所開發的一款基於生成式 AI 的免費聊天機器人，擁有強大的自然語言生成能力，可以根據上下文進行對話，並進行多種應用，包括客戶服務、銷售、產品行銷等，短短 2 個月全球用戶超過 1 億，超過抖音的用戶量。ChatGPT 是由 OpenAI 公司開發的最新版本，該技術是建立在深度學習（Deep Learning）和自然語言處理技術（Natural Language Processing, NLP）的基礎上。由於 ChatGPT 基於開放式網路的大量資料進行訓練，使其能夠產生高度精確、自然流暢的對話回應，與人進行互動。如下圖所示：

ChatGPT 能和人類以一般人的對話方式與使用者互動，例如提供建議、寫作輔助、寫程式、寫文章、寫信、寫論文、劇本小說……等，而且所回答的內容有模有樣，除了可以給予各種問題的建議，也可以幫忙寫作業或程式碼，例如右頁二圖的回答內容：

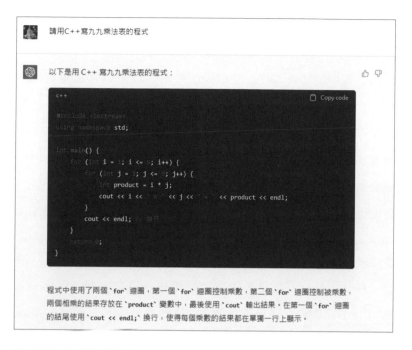

請用C++寫九九乘法表的程式

以下是用 C++ 寫九九乘法表的程式：

```c++
#include <iostream>
using namespace std;

int main() {
    for (int i = 1; i <= 9; i++) {
        for (int j = 1; j <= 9; j++) {
            int product = i * j;
            cout << i << " * " << j << " = " << product << endl;
        }
        cout << endl;  // 換行
    }
    return 0;
}
```

程式中使用了兩個 `for` 迴圈，第一個 `for` 迴圈控制乘數，第二個 `for` 迴圈控制被乘數，兩個相乘的結果存放在 `product` 變數中，最後使用 `cout` 輸出結果。在第一個 `for` 迴圈的結尾使用 `cout << endl;` 換行，使得每個乘數的結果都在單獨一行上顯示。

ChatGPT 的使用也取決於人類的使用心態，正確地使用 ChatGPT 可以創造不同的可能性，例如有些廣告主認為使用 AI 工具幫客戶做社群行銷企劃，很像有「偷吃步」的嫌疑，其實這倒也不會，**反而應該看成是產出過程中的助手**，甚至

可以讓行銷團隊的工作流程更順暢進行，達到意想不到的事半功倍效果。因為 ChatGPT 之所以強大，是它背後難以數計的資料庫，任何食衣住行育樂的各種生活問題或學科都可以問 ChatGPT，而 ChatGPT 也會以類似人類會寫出來的文字，給予相當到位的回答，與 ChatGPT 互動是一種雙向學習的過程，在用戶獲得想要資訊內容文字的過程中，ChatGPT 也不斷在吸收與學習，ChatGPT 用途非常廣泛多元，根據國外報導，很多亞馬遜上店家和品牌紛紛轉向 ChatGPT，還可以幫助店家或品牌再進行社群行銷時為他們的產品生成吸引人的標題，和尋找宣傳方法，進而與廣大的目標受眾產生共鳴，從而提高客戶參與度和轉換率。

電腦科學家通常將人類的語言稱為自然語言 NL（Natural Language），比如說中文、英文、日文、韓文、泰文等，這也使得自然語言處理（Natural Language Processing, NLP）範圍非常廣泛，所謂 NLP就是讓電腦擁有理解人類語言的能力，也就是一種藉由大量的文字資料搭配音訊資料，並透過複雜的數學聲學模型（Acoustic Model）及演算法來讓機器去認知、理解、分類並運用人類日常語言的技術。

GPT 是「生成型預訓練變換模型」（Generative Pre-trained Transformer）的縮寫，是一種語言模型，可以執行非常複雜的任務，會根據輸入的問題自動生成答案，並具有編寫和除錯電腦程式的能力，如回覆問題、生成文章和程式碼，或者翻譯文章內容等。

16-1 ChatGPT 初體驗

從技術的角度來看，ChatGPT 是根據從網路上獲取的大量文字樣本進行機器人工智慧的訓練，與一般聊天機器人的相異之處在於 ChatGPT 有豐富的知識庫以及強大的自然語言處理能力，使得 ChatGPT 能夠充分理解並自然地回應訊息，不管你有什麼疑難雜症，你都可以詢問它。國外許多專家都一致認為 ChatGPT 聊天

機器人比 Apple Siri 語音助理或 Google 助理更聰明，當用戶不斷以問答的方式和 ChatGPT 進行互動對話，聊天機器人就會根據你的問題進行相對應的回答，並提升這個 AI 的邏輯與智慧。

　　登入 ChatGPT 網站註冊的過程中雖然是全英文介面，但是註冊過後在與 ChatGPT 聊天機器人互動發問問題時，可以直接使用中文的方式來輸入，而且回答的內容的專業性也不失水平，甚至不亞於人類的回答內容。

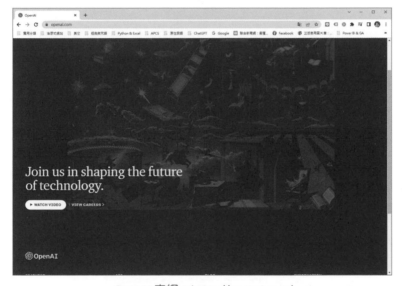

OpenAI 官網：https://openai.com/

　　目前 ChatGPT 可以辨識中文、英文、日文或西班牙等多國語言，透過人性化的回應方式來回答各種問題。這些問題甚至含括了各種專業技術領域或學科的問題，可以説是樣樣精通的百科全書，不過 ChatGPT 的資料來源並非 100% 正確，在使用 ChatGPT 時所獲得的回答可能會有偏誤，為了得到的答案更準確，當使用 ChatGPT 回答問題時，應避免使用模糊的詞語或縮寫。「問對問題」不僅能夠幫助用戶獲得更好的回答，ChatGPT 也會藉此不斷精進優化，AI 工具的魅力就在於它的學習能力及彈性，尤其目前的 ChatGPT 版本已經可以累積與儲存學習紀錄。

切記！清晰具體的提問 才是與 ChatGPT 的最佳互動。如果需要進深入知道更多的內容，除了盡量提供夠多的訊息，就是提供足夠的細節和上下文。

16-1-1 註冊免費 ChatGPT 帳號

首先我們就先來示範如何註冊免費的 ChatGPT 帳號，請先登入 ChatGPT 官網，它的網址為 https://chat.openai.com/，登入官網後，若沒有帳號的使用者，可以直接點選畫面中的「Sign up」按鈕註冊一個免費的 ChatGPT 帳號：

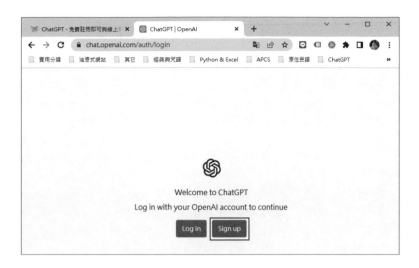

接著請各位輸入 Email 帳號，或是如果各位已有 Google 帳號或是 Microsoft 帳號，你也可以透過 Google 帳號或是 Microsoft 帳號進行註冊登入。此處我們直接示範以接著輸入 Email 帳號的方式來建立帳號，請在下圖視窗中間的文字輸入方塊中輸入要註冊的電子郵件，輸入完畢後，請接著按下「Continue」鈕。

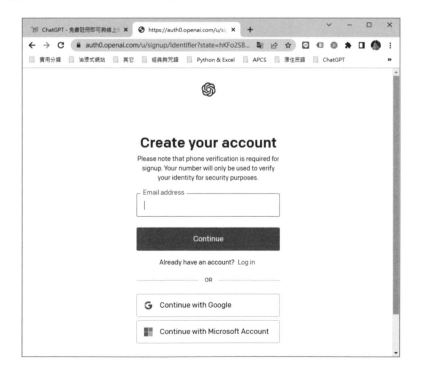

接著如果你是透過 Email 進行註冊，系統會要求使用輸入一組至少 8 個字元的密碼作為這個帳號的註冊密碼。

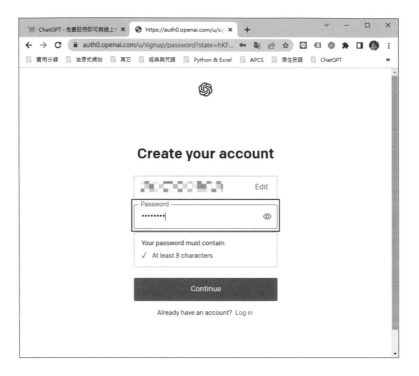

上圖輸入完畢後，接著再按下「Continue」鈕，會出現類似下圖的「Verify your email」的視窗。

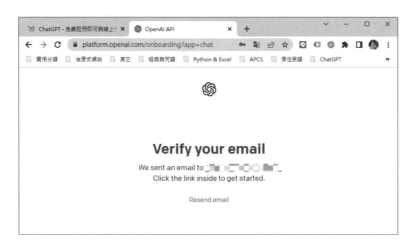

　　接著各位請打開自己的收發郵件的程式，可以收到如下圖的「Verify your email address」的電子郵件。請各位直接按下「Verify email address」鈕：

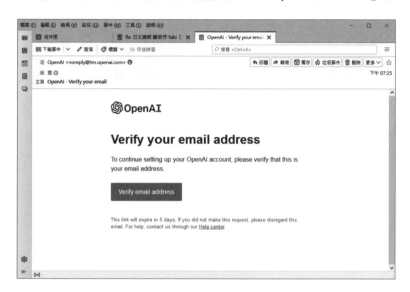

　　接著會直接進入到下一步輸入姓名的畫面，請注意，這裡要特別補充說明的是，如果你是透過 Google 帳號或 Microsoft 帳號快速註冊登入，那麼就會直接進入到下一步輸入姓名的畫面：

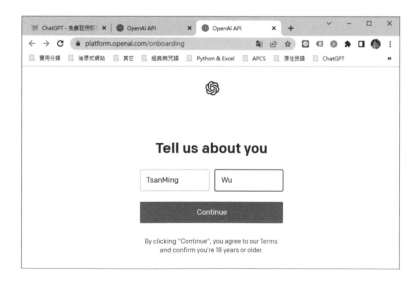

　　輸入完姓名後，再請接著按下「Continue」鈕，這就會要求各位輸入你個人的電話號碼進行身分驗證，這是一個非常重要的步驟，如果沒有透過電話號碼來通過身分驗證，就沒有辦法使用 ChatGPT。請注意，下圖輸入行動電話時，請直接輸入行動電話後面的數字，例如你的電話是「0931222888」，只要直接輸入「931222888」，輸入完畢後，記得按下「Send Code」鈕。

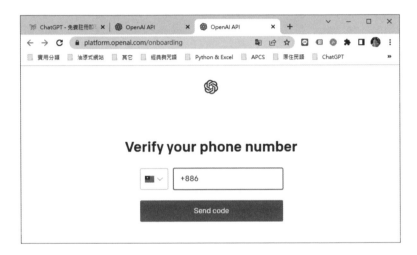

　　大概過幾秒後，各位就可以收到官方系統發送到指定號碼的簡訊，該簡訊會顯示 6 碼的數字。

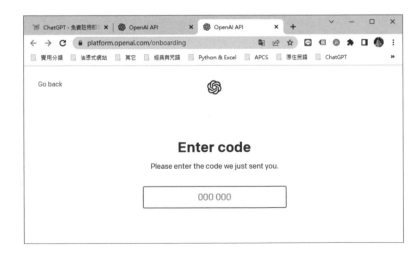

各位只要於上圖中輸入手機所收到的 6 碼驗證碼後，就可以正式啟用 ChatGPT。登入 ChatGPT 之後，會看到下圖畫面，在畫面中可以找到許多和 ChatGPT 進行對話的真實例子，也可以了解使用 ChatGPT 有哪些限制。

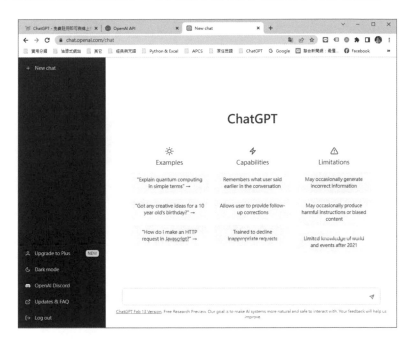

16-1-2　更換新的機器人

你可以藉由這種問答的方式，持續地去和 ChatGPT 對話。如果你想要結束這個機器人，可以點選左側的「New Chat」，它就會重新回到起始畫面，並新開一個新的訓練模型，這個時候輸入同一個題目，可能得到的結果會不一樣。

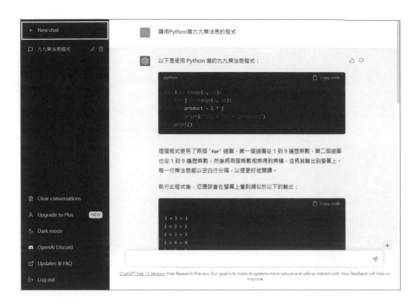

　　例如下圖中我們還是輸入「請用 Python 寫九九乘法表的程式」，按下「Enter」鍵正式向 ChatGPT 機器人詢問，就可以得到不同的回答結果：

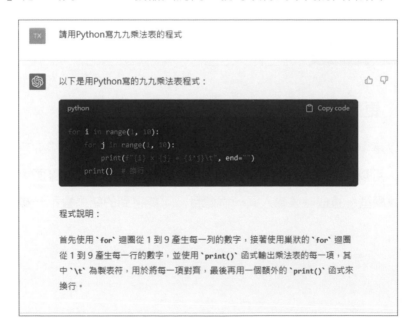

　　如果可以要取得這支程式碼，還可以按下回答視窗右上角的「Copy code」鈕，就可以將 ChatGPT 所幫忙撰寫的程式，複製貼上到 Python 的 IDLE 的程式碼編輯器，底下為這一支新的程式在 Python 的執行結果。

```
Python 3.11.0 (main, Oct 24 2022, 18:26:48) [MSC v.1933 64 bit (AMD64)] on win32
Type "help", "copyright", "credits" or "license()" for more information.
=========== RESTART: C:/Users/User/Desktop/博碩_CGPT/範例檔/99table-1.py ===========
1 × 1 = 1    1 × 2 = 2    1 × 3 = 3    1 × 4 = 4    1 × 5 = 5    1 × 6 = 6    1 × 7 = 7    1 × 8 = 8    1 × 9 = 9
2 × 1 = 2    2 × 2 = 4    2 × 3 = 6    2 × 4 = 8    2 × 5 = 10   2 × 6 = 12   2 × 7 = 14   2 × 8 = 16   2 × 9 = 18
3 × 1 = 3    3 × 2 = 6    3 × 3 = 9    3 × 4 = 12   3 × 5 = 15   3 × 6 = 18   3 × 7 = 21   3 × 8 = 24   3 × 9 = 27
4 × 1 = 4    4 × 2 = 8    4 × 3 = 12   4 × 4 = 16   4 × 5 = 20   4 × 6 = 24   4 × 7 = 28   4 × 8 = 32   4 × 9 = 36
5 × 1 = 5    5 × 2 = 10   5 × 3 = 15   5 × 4 = 20   5 × 5 = 25   5 × 6 = 30   5 × 7 = 35   5 × 8 = 40   5 × 9 = 45
6 × 1 = 6    6 × 2 = 12   6 × 3 = 18   6 × 4 = 24   6 × 5 = 30   6 × 6 = 36   6 × 7 = 42   6 × 8 = 48   6 × 9 = 54
7 × 1 = 7    7 × 2 = 14   7 × 3 = 21   7 × 4 = 28   7 × 5 = 35   7 × 6 = 42   7 × 7 = 49   7 × 8 = 56   7 × 9 = 63
8 × 1 = 8    8 × 2 = 16   8 × 3 = 24   8 × 4 = 32   8 × 5 = 40   8 × 6 = 48   8 × 7 = 56   8 × 8 = 64   8 × 9 = 72
9 × 1 = 9    9 × 2 = 18   9 × 3 = 27   9 × 4 = 36   9 × 5 = 45   9 × 6 = 54   9 × 7 = 63   9 × 8 = 72   9 × 9 = 81
```

　　其實，各位還可以透過同一個機器人不斷的向它提問同一個問題，它會是基於你前面所提供的問題與回答，換成另外一種角度與方式來回應你原本的問題，就可以得到不同的回答結果，例如下圖又是另外一種九九乘法表的輸出外觀：

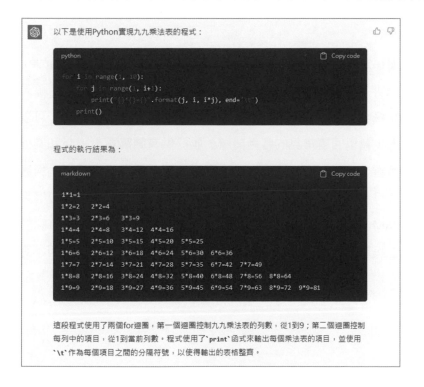

16-2 ChatGPT 在行銷領域的應用

　　ChatGPT 是目前科技整合的極致，繼承了幾十年來資訊科技的精華。以前只能在電影上想像的情節，現在幾乎都實現了。在生成式 AI 蓬勃發展的階段，ChatGPT 擁有強大的自然語言生成及學習能力，更具備強大的資訊彙整功能，各位想到的任何問題都可以尋找適當的工具協助，加入自己的日常生活中，並且得到快速正確的解答。當今沒有一個品牌會忽視數位行銷的威力，ChatGPT 特別是對電商文案撰寫有極大幫助，可用於為品牌官網或社群媒體，成為眾多媒體創造聲量的武器，去產製更多優質內容、線上客服、智慧推薦、商品詢價等服務，ChatGPT 正在各種方式快速融入我們的日常生活與數位行銷領域，也逐漸讓許多廣告主有追逐流量的壓力，大幅提升行銷效果和用戶體驗。以下先為各位介紹目前耳熟能詳的應用範圍：

❑ AI 客服

　　行銷圈都知道電商客服一直都是賣家心中的一個痛，不過 ChatGPT 在客服行業卻據具有非常大的應用潛力，品牌商家可以使用 ChatGPT 開發聊天機器人。對於一些知名企業或品牌，客服中心的運作成本非常高，ChatGPT 可以擔任自動客服機器人，藉以回答常見的客戶問題，並提供有關購買、退貨和其他查詢的服務，達到節省成本來創造社群行銷機會來優化客戶體驗，協助行銷與客服人員提供更加自然且精準的回覆，能有效引導消費者完成購買流程，提高客戶關係管理的效率（CRM），不僅業績提升成交量，也建立起消費者資料庫，利於日後推播個人化廣告與產品。雖然 ChatGPT 可以成為有價值的附加工具，但不應將其完全

作為客戶服務的替代品，畢竟相比 ChatGPT 客觀理性的冰冷回答，真實人員服務能針對「顧客的需求」展現具有溫度的同理與貼心，是 AI 客服無法完全取代真人的關鍵。

緯創資通推出 ChatGPT 客服機器人

❏ 語言翻譯

ChatGPT 可以幫助我們進行不同語言之間的翻譯，對於需要大量人工翻譯的跨境電商產業而言，ChatGPT 可以應用於語系翻譯和自動調整產品描述與說明，正確率也比一般人常用的 Google 翻譯高上許多，使得不同語言之間的溝通變得更加容易和順暢，並且大大減少翻譯人力成本，為用戶帶來更好的閱讀體驗。

Please introduce U.S.A.

The United States of America, commonly referred to as the United States or the USA, is a federal republic composed of 50 states, a federal district (Washington, D.C.), five major self-governing territories, and various possessions. It is the third largest country in the world by land area and the third most populous country, with a population of over 331 million people.

The USA is a highly developed country with a diversified economy and is considered to be one of the most powerful countries in the world. Its economy is the largest in the world, with a highly developed service sector, a large manufacturing base, and abundant natural resources. The USA is a founding member of the United Nations, World Bank, International Monetary Fund, and World Trade Organization.

The country is known for its cultural diversity, with a population composed of people from all over the world. The USA is also home to many iconic landmarks and destinations, such as the Statue of Liberty, the Grand Canyon, Hollywood, the Golden Gate Bridge, and the White House, among others. Its diverse and influential popular culture has had a major impact on the world, with American music, movies, and TV shows being popular across the globe.

The USA is a constitutional federal democracy, with a government composed of three branches: the executive, legislative, and judicial branches. The country has a long history of political and social activism, including movements for civil rights, women's rights, LGBTQ rights, and environmentalism.

接著只要輸入類似「請將我剛才問的問題的英文的回答內容翻譯成中文」，就會將剛才的英文回答內容翻譯成中文，請參考下圖：

請將我剛才問的問題的英文的回答內容翻譯成中文

好的，以下是對於美國（U.S.A.）的英文回答的翻譯：

美利堅合眾國（United States of America），簡稱美國（United States或USA），是一個聯邦共和國，由50個州、一個聯邦區（華盛頓特區）、五個自治領土和各種屬地組成。美國是世界上第三大的國家，其土地面積和人口數都居世界第三位，擁有超過3.31億人口。

美國是一個高度發達的國家，擁有多元化的經濟體系，被認為是世界上最強大的國家之一。其經濟體系是全球最大的，擁有高度發達的服務業和龐大的製造業基礎，並擁有豐富的自然資源。美國是聯合國、世界銀行、國際貨幣基金組織和世界貿易組織的創始成員。

美國因其文化多樣性而著名，其人口來自世界各地，美國也擁有許多標誌性的地標和旅遊勝地，如自由女神像、大峽谷、好萊塢、金門大橋和白宮等。其多元且有影響力的流行文化對全球產生了巨大影響，美國的音樂、電影和電視節目在全球都很受歡迎。

美國是一個憲法聯邦民主國家，政府由三個部門組成：行政、立法和司法。該國具有悠久的政治和社會行動的歷史，包括民權運動、婦女權利、LGBTQ權利和環保主義等運動。

❑ 行銷內容創作

ChatGPT 在電子商務領域中也具有重要的應用價值，隨著 AI 技術的提升，文字和影像可以透過 AI 產生，由於網路行銷管道的模式愈來愈多，為了提高消費者體驗，店家需要將商品訊息做出清晰明確的描述，因此快速產出素材與文案的壓力愈來愈大，由於 ChatGPT 的核心應用就是文書處理，可以應用於自動生成商品描述與產品介紹，不但能寫論文、劇本和小説，尤其是我們經營電商產業，文字內容基本上就是我們主要的銷售和行銷方式，畢竟我們難以在當地直接面對客戶，因此掌握 ChatGPT，就可以大幅為店家和品牌分擔網路行銷活動的文字工作量，進一步提高電商平台的營收。

例如產品描述是市場行銷的一個重要部分，ChatGPT 可以根據客戶的喜好、過交易行為、興趣、偏好、和需求，幫助行銷團隊確定目標受眾的偏好、興趣和痛點，居然可以在不到 5 秒內生成更符合受眾的產品文案與提高消費者關注度，甚至協助大量生成創意雛形，還可以開發對應的市場行銷活動方案、符合社群平台所需的貼文與撰寫 YouTube 影片腳本，進而提高廣告的點擊率和轉換率，還具備自動摘要的功能，可以將長文摘要出文章重點：

 請以至少600字介紹台灣

 台灣是一個美麗的島嶼，位於東亞的中心地帶，北臨東海，東鄰太平洋，西接台灣海峽，南隔巴士海峽與菲律賓相望。台灣地理位置獨特，緯度介於北緯20°45'~25°56'之間，面積約有36,000平方公里，是世界上第38大的國家。

台灣擁有豐富的人文歷史，是一個多元文化的國家。先民們在台灣島上居住已有萬餘年歷史，歷經荷蘭、西班牙、清朝、日治時期等不同的政權統治，每個時期都留下了獨特的文化遺產，使得台灣文化綜合了多種不同文化的元素。

台灣的氣候溫和，四季分明，植被豐富，有各種不同的自然風光，如高山、海岸、溪流、森林、湖泊等等。其中，太魯閣、日月潭、阿里山等地區是著名的旅遊勝地，吸引了大量國內外遊客前來旅遊。

此外，台灣也是一個經濟發達的國家。自20世紀80年代開始，台灣的經濟快速發展，成為了亞洲四小龍之一。現在，台灣擁有高度發達的科技產業、製造業、金融業等，也是全球最大的積體電路製造商之一。台灣的經濟成就得益於政府的積極政策，也得益於勤奮的台灣人民。

台灣的人民熱情好客，友善而有禮。華人文化中講究的"以人為本"和"和氣生財"在台灣得到了充分體現。台灣的飲食文化豐富多彩，有許多美食是讓人流連忘返的，如台北的小吃、台南的小吃、台中的豆花、嘉義的瘦肉粥等等。此外，台灣也是茶葉生產和茶文化的重要地區，台灣茶

各位只要輸入類似「請將我剛才問的問題的回答內容摘要重點」，就會將剛才的英文回答內容翻譯成中文，請參考下圖：

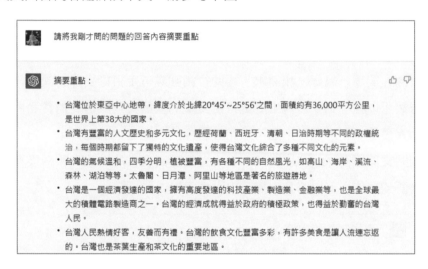

16-2-1　發想廣告郵件與官方電子報

電子郵件行銷（Email Marketing）與電子報行銷（Email Direct Marketing）的使用數量也在持續增長中，更是許多企業慣用的行銷手法，由於費用相對低廉，加上可以追蹤，將會大大的節省行銷時間及提高成交率。ChatGPT 能為店家自動發想與生成電子郵件與電子報回信內容，只要下對指令，把你的行銷需求告訴 ChatGPT，輸入推廣的對象，需要促銷的產品，以及預期達到的目的，就能自

動產出一封符合指定情境、信件內容的官方郵件與電子報，除了提高品牌知名度以外，也更加連結與消費者之間的關係，或者收到許多怨念十足的客訴信轟炸，這時只要拜託 ChatGPT 要寫一封針對關鍵問題的道歉信，瞬間就能寫出一封誠意滿滿、文情並茂的道歉信，及時分擔客服人員的壓力。

接下來請幫忙寫一封商品推薦的官方電子郵件，商品資訊如下：

Q 提問

油漆式速記多國語言雲端學習系統（https://pmm.zct.com.tw/zct_add/）這套系統是利用本公司獨家發明的油漆式速記法原理所建構完成，配合教育部的全英語授課（English as a Medium of Instruction, EMI）與國際教育政策，內容包含了國內外十幾種著名的英語檢定與 20 種第二外語相關檢定（日、韓、德、西、法、越、泰、印尼等），近期也將推出本土語學習系統（臺語、手語、客家語、原住民語），目前已開放六大類試用版本。

研發公司：榮欽科技股份有限公司

公司官網：www.zct.com.tw

業務代表：吳燦銘先生

ChatGPT 回答畫面

請幫忙寫一封商品推薦的官方電子郵件，商品資訊如下：
油漆式速記多國語言雲端學習系統(https://pmm.zct.com.tw/zct_add/))這套系統是利用本公司獨家發明的油漆式速記法原理所建構完成，配合教育部的全英語授課(English as a Medium of Instruction, EMI)與國際教育政策，內容包含了國內外十幾種著名的英語檢定與 20 種第二外語相關檢定(日、韓、德、西、法、越、泰、印尼等)，近期也將推出本土語學習系統(臺語、手語、客家語、原住民語)，目前已開放六大類試用版本。
研發公司：榮欽科技股份有限公司
公司官網：www.zct.com.tw
業務代表：吳燦銘先生

尊敬的客戶您好，

感謝您對榮欽科技股份有限公司的油漆式速記多國語言雲端學習系統感興趣。我們的系統是利用本公司獨家發明的油漆式速記法原理所建構完成，配合教育部的全英語授課(English as a Medium of Instruction, EMI)與國際教育政策，內容包含了國內外十幾種著名的英語檢定與

20種第二外語相關檢定(日、韓、德、西、法、越、泰、印尼等)，並且近期也將推出本土語學習系統(臺語、手語、客家語、原住民語)，目前已開放六大類試用版本。

我們相信這套系統能夠有效地協助您學習語言，無論是在工作、旅遊或學術方面。使用我們的系統，您可以學習並且熟練掌握不同的語言，進而擴大您的國際視野。

如果您對我們的產品有任何問題或者需要進一步的資訊，請聯繫我們的業務代表吳燦銘先生，他將竭誠為您服務。

謝謝您對我們產品的關注，期待您的回應。

此致
敬禮

榮欽科技股份有限公司

16-2-2　生成社群與部落格標題與貼文

如果你的品牌有經營 Facebook 或 IG 等社群，你總需要寫一些貼文來做行銷，因為不會有人想追蹤一個沒有內容的粉專，因此貼文內容扮演著最重要的社群行銷角色，甚至粉絲都會主動幫你推播與傳達。社群上發布貼文的目的當然是盡可能讓越多人看到越好，一張平凡的相片，如果搭配一則好文章，也能搖身一變成為魅力十足的貼文。寫貼文時更要注意標題訂定，設身處地為用戶著想，了解他們喜歡聽什麼、看什麼，或是需要什麼，為貼文配上注目標題，這樣撰寫出來的標題與貼文較能引起共鳴。ChatGPT 就能幫助絞盡腦汁的小編，讓它完美化身你的免費行銷專員，只要輸入正確店家名稱、文章關鍵字、活動主題、呈現的風格，如果還有一些特別需求，可以在指令加上字數和語氣的要求，加入目的可以讓標題更有效捕捉目光，就會自動產生對應的文章，快速生成符合各種平台所需的標題與貼文。

Q 提問

請寫出十個較會引人感興趣的關於林書豪（Jeremy Lin）的 Instagram post 標題

🤖 ChatGPT 回答畫面

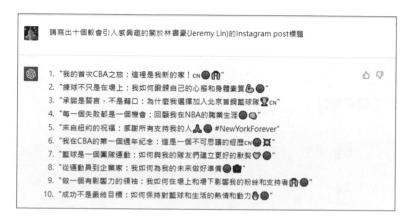

Q 提問

請寫出 " 每一個失敗都是一個機會：回顧我在 NBA 的職業生涯🏀📷 " 的 Instagram post 貼文

🤖 ChatGPT 回答畫面

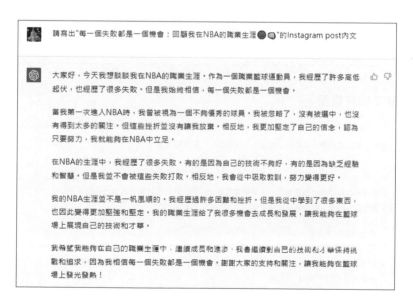

❏ 對話範例：生成部落格文章

Q 提問

請寫出十個值得推薦高雄旅遊景點的部落格文章標題

🤖 ChatGPT 回答畫面

 請寫出十個值得推薦高雄旅遊景點的部落格文章標題

1. 「在城市中尋找自然：高雄最美公園推薦」
2. 「高雄必訪的五大文化景點」
3. 「探訪高雄最受歡迎的夜市美食」
4. 「別有洞天的高雄老街：鹽埕區探索之旅」
5. 「高雄必去的五大海灘，夏日好去處！」
6. 「品味高雄的特色小吃：旗津島上的美食之旅」
7. 「高雄必遊的四大主題公園，好玩好拍照！」
8. 「漫步高雄的後花園：旗津後勁湖風景區」
9. 「高雄必去的三大歷史建築，見證城市的發展」
10. 「從港口走入歷史：高雄港區文化之旅」

Q 提問

請寫一篇上面標題「高雄必訪的五大文化景點」的部落格文章

🤖 ChatGPT 回答畫面

請寫一篇上面標題「高雄必訪的五大文化景點」的部落格文章

高雄作為台灣南部的重要城市，不僅擁有豐富的自然景觀，還有著許多文化景點值得探訪。
在這篇部落格中，我們要介紹高雄必訪的五大文化景點。

1. 高雄鳳山文化園區
   位於鳳山區的高雄文化園區，是由鳳山糖廠改建而成，保存了許多懷舊風格的建築，也展示了當地的歷史文化。遊客可以在這裡欣賞到許多藝術展覽，也可以參加各種文化活動。
2. 高雄市立歷史博物館
   高雄市立歷史博物館位於鼓山區，是一座專門收藏高雄市歷史文物的博物館。博物館內收藏了大量的古文物、照片、文獻等，展示了高雄市的歷史和文化發展。

> 3. 高雄市立美術館
>   高雄市立美術館是一座現代藝術博物館，位於左營區，館內收藏了豐富的現代藝術作品，還經常舉辦各種主題展覽，吸引了眾多藝術愛好者前來參觀。
>
> 4. 旗津海上風景區
>   旗津是高雄著名的觀光勝地之一，位於旗津區的海上風景區是遊客必訪的景點之一。遊客可以搭乘渡輪前往旗津，欣賞到美麗的海景和潔白的沙灘，還可以品嚐當地的海鮮美食。
>
> 5. 美麗島捷運站
>   美麗島捷運站是高雄的地標建築之一，位於前鎮區，是高雄捷運紅線的轉運站。這座建築以其獨特的造型和豐富的藝術裝飾聞名，遊客可以在這裡拍照留念，也可以欣賞到許多藝術作品。
>
> 以上是高雄必訪的五大文化景點，每個景點都有其

提問

請繼續

ChatGPT 回答畫面

　請繼續

4. 高雄市立美術館
   高雄市立美術館位於高雄市鳳山區，建築外觀獨特，是一座現代風格的大型文化藝術建築，設計者是知名建築師周銘發。美術館內收藏著眾多珍貴的文化藝術品，包括中國古代青銅器、陶瓷、書畫等。另外，美術館也會不定期舉辦各種展覽，吸引著許多國內外的藝術愛好者前來參觀。

5. 高雄市立圖書館
   高雄市立圖書館位於高雄市苓雅區，是一座現代化的大型圖書館。圖書館內擁有豐富的圖書資源和電子資源，提供各種閱讀和學習場所，是高雄市民的重要學習場所之一。此外，圖書館也會舉辦各種文化活動，例如講座、展覽、讀書會等，深受市民喜愛。

以上就是高雄必訪的五大文化景點，每個景點都有其獨特的文化內涵，讓人感受到不同的藝術魅力。如果你想要深入了解高雄的文化風情，不妨安排一天時間來探訪這五大景點，相信一定會留下難忘的回憶。

16-3 ChatGPT 與 Google 的強強聯手

接下來我們要介紹一些 ChatGPT 效能和 Google 的擴充實用功能，從聲控到郵件回覆，從問題提出到 YouTube 摘要，這些擴充功能涵蓋了各種場景，為用戶提供更多的便利和價值。如果您已經對 ChatGPT 有了基本的認識，現在就讓我們一起來探索這些擴充功能。

16-3-1 ChatGPT for Google — 側邊欄顯示 ChatGPT 回覆

我們可以加入「ChatGPT for Google」外掛程式，它是一套免費瀏覽器擴充功能，可在 Chrome / Edge / Firefox 三種主要瀏覽器安裝使用，這個外掛的功能是在搜尋引擎的結果頁面側邊欄顯示 ChatGPT 回覆內容，也就是說只要在這些搜尋引擎內輸入關鍵字搜尋，就會在畫面右側看到 ChatGPT 回應資訊，可以幫你快速取得搜尋引擎及 ChatGPT 整理的資訊。

接著就來詳細示範如何在 Chrome 瀏覽器加入「ChatGPT for Google」外掛程式，並示範加入這個外掛程式之後，它給 Google 帶來什麼樣的強大功能。

首先在 Google 瀏覽器的功能表選單中執行「更多工具 / 擴充功能」指令：

接著按「開啟 Chrome 應用商店」鈕：

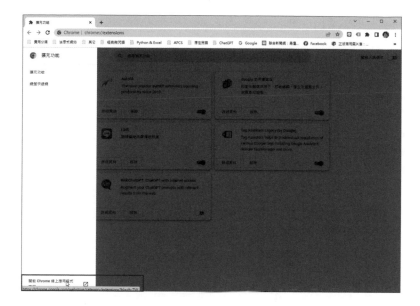

輸入關鍵字「Chatgpt for Google」：

點選「ChatGPT for Google」擴充功能的圖示鈕：

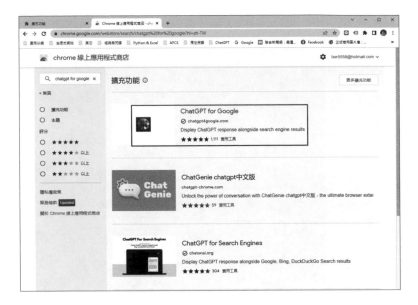

按一下「加到 Chrome」鈕：

再按「新增擴充功能」：

會出現下圖視窗顯示已將「**ChatGPT for Google**」加到 Chrome。

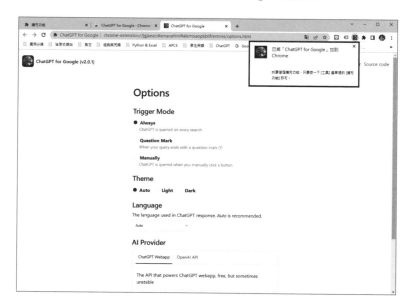

接著在 Google 引擎中輸入要問的問題,例如「請推薦高雄一日遊」,在 Chrome 的右側會先要求登入 OpenAI,請按下「logo on OpenAI」鈕:

登入後再按「Back to Search」鈕:

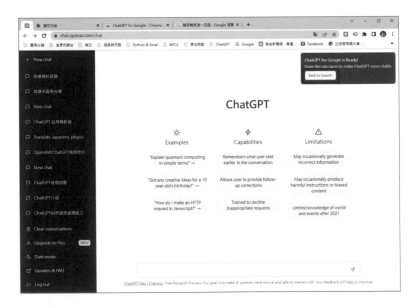

就可以看到右側已透過 ChatGPT 產生用戶所詢問的問題內容，如下圖所示：

各位可以試著輸入另外一個問題，例如：「林書豪是誰」，就可以馬上在右側的 ChatGPT 的回答框中看到回答內容。

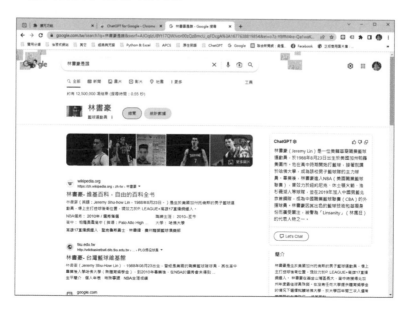

　　另外在「擴充功能」的頁面還提供搜尋功能，如果想移除或暫停某一特定的擴充功能，都可以在這個頁面上進行處理。

16-3-2　網頁外掛程式「WebChatGPT」

　　這個 ChatGPT 的 Chrome 外掛程式能夠讓你有更好的 AI 體驗，目前 OpenAI 限制了 ChatGPT 聊天機器人檢索資料庫在 2021 年以前的數據，因此當問到較新的知識或科技或議題，對 ChatGPT 聊天機器人或許就不具備回答的能力。

　　現在我們可以透過 WebChatGPT 這個 Chrome 瀏覽器的外掛，就可以幫助 ChatGPT 從 Google 搜尋到即時數據內容，然後根據搜尋結果整理出最後的回答結果。也就是說，使用 WebChatGPT 可以讓你有更多選項可以客製化 ChatGPT 想要的結果。

　　至於如何在你的 Chrome 瀏覽器安裝 WebChatGPT 外掛程式，首先可以在 Google 搜尋引擎輸入「如何安裝 WebChatGPT」，就可以找到「WebChatGPT: ChatGPT with internet access」網頁，如右圖所示：

請用滑鼠點選該連結，連上該網頁，接著按下圖中的「加到 Chrome」鈕：

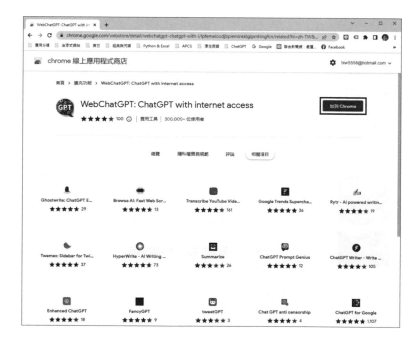

出現下圖視窗詢問是否要新增「WebChatGPT: ChatGPT with internet access」
這項外掛程式的擴充功能：

只要直接按上圖的「新增擴充功能」鈕，就可以將「WebChatGPT: ChatGPT
with internet access」加入到 Chrome，完成外掛程式「WebChatGPT」的安裝工
作。如下圖所示：

接著我們就以詢問同一個問題的實例,來說明在還沒安裝 WebChatGPT 外掛程式 ChatGPT 的回答內容及安裝了 WebChatGPT 外掛程式 ChatGPT 的回答內容,兩者之間的差別。

下圖是未安裝 WebChatGPT 前的 ChatGPT 回答內容,各位可以注意到 ChatGPT 的資訊來源來自 2021 年以前,因此它無法回答 2023 年土耳其發生大地震的訊息。

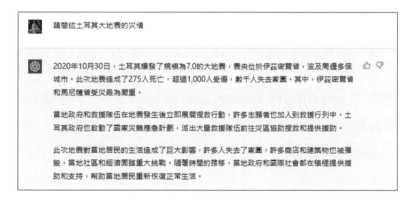

但是安裝 WebChatGPT 後的 ChatGPT 回答內容,就會先列出網頁的搜尋結果,再根據所取得的網頁知識,整理出更符合期待且資訊較新的回答內容。如下圖所示:

Current date: 2023/2/27

Instructions: Using the provided web search results, write a comprehensive reply to the given query. Make sure to cite results using [[number](URL)] notation after the reference. If the provided search results refer to multiple subjects with the same name, write separate answers for each subject.
Query: 請簡述土耳其大地震的災情
Reply in 中文

2023年2月6日，土耳其和敘利亞發生了7.8級大地震，造成嚴重災情。該地震造成了數千人死亡和成千上萬人受傷[1][3]。地震導致房屋倒塌和道路崩塌，災區的居民面臨缺乏食水、食物和醫療救援的困境[1]。此次地震對土耳其南部的科加埃利省和敘利亞北部的艾德利卜省等地造成了嚴重影響[2]。

地震發生後，土耳其政府迅速成立了危機委員會，全國各地展開了救援和復原工作[2]。土耳其衛生部動員各省的醫生和護士前往災區搶救受傷居民，並派出了大量的救護車[2]。除政府和救援機構外，許多國際組織和機構也提供了援助和支持[3]。

整個災情對當地居民造成了極大的打擊，他們需要持續得到援助和支持，特別是在重建和復原方面[1][3]。

也就是說：「WebChatGPT: ChatGPT with internet access」這個 Chrome 外掛程式會將所搜尋到的網頁查詢結果，結合到 ChatGPT 的回應內容，換個角度來說，結合 ChatGPT 與 Google 搜尋就能突破 ChatGPT 只能整理學習 2021 年以前資料的限制。

各位應該注意到，當你安裝完 WebChatGPT，請打開你的 ChatGPT 平台，會發現對話框下已經出現了「Search on the web」，以及「Any Time」「Any Region」等多個選項，這些選項的意義分別告知 ChatGPT 聊天機器人要從多少個搜尋結果來作答、所設定的時間及地區範圍為何？

我們再來看另外一個例子，如果我們想請 ChatGPT 幫忙整理台灣 2022 九合一選舉結果，就可以將「Search on the web」設定 3 results、搜尋時間設定為「Past year」、搜尋區域設定為「Taiwan」，這種情況下，ChatGPT 就可以根據所搜尋到的網頁內容，迅速整理出更符合期待且資訊較新的回答內容。如右圖所示：

 提問

請幫忙整理台灣 2022 九合一選舉結果

ChatGPT 回答畫面

 Web search results:

[1] "（中央社網站）九合一選舉及18歲公民權修憲複決11月26日投開票，全台21個縣市中，國民黨囊括13縣市，拿下六都中的4席，包括台北市、新北市、桃園市及台中市，民進黨取得台南市、高雄市、嘉義縣、屏東縣、澎湖縣等5縣市，民眾黨則攻下新竹市，苗栗縣、金門縣則由無黨籍拿下。嘉義市長選舉投票日期因有參選者過世依選罷法延至12月18日，結果出爐國民黨再拿一席。1111218九合一選舉開票出爐 自定專屬清單掌握得票情形 以下為縣市長當選名單：台北市長 蔣萬安（國民黨）蔣萬安當選台北市長 讚陳時中、黃珊珊是可敬對手 新北市長 侯友宜（國民黨）侯友宜：林佳龍所提政見 可調整的會全力完成 桃園市長 張善政（國民黨）張善政勝選 承諾讓桃園變成亞洲智慧科技新都 台中市長 盧秀燕（國民黨）"
URL: https://www.cna.com.tw/news/aipl/202211265003.aspx

[2] "今天進行的九合一地方選舉，將選出新一屆的直轄市長、直轄市議員；縣市長、縣市議員；鄉鎮市長等9類地方公職人員，並有《18歲公民權修憲複決 ..."
URL: https://udn.com/news/story/8596/6786963

[3] "民進黨今年九合一選舉挫敗，縣市長選舉得票率僅41.62%，國民黨得票率為50.03%。議員席次分析 分析全國所有縣市議會席次，國民黨今年減少27席，占比40.3%；民進黨增加39席，占比提升至30.4%；民眾黨首度挑戰九合一選舉就拿到14席，以台北市的4席為最多。（中央社製圖）若把全國所有縣市議會席次加總來看，國民黨長期居於優勢地位，即使2014年減少33席，仍維持4成以上占比。2018年民進黨輸掉53席，國民黨增加8席，第三勢力大有斬獲，無黨籍增加31席。"
URL: https://www.cna.com.tw/news/aipl/202211275002.aspx

Current date: 2023/2/27

Instructions: Using the provided web search results, write a comprehensive reply to the given query. Make sure to cite results using [[number](URL)] notation after the reference. If the provided search results refer to multiple subjects with the same name, write separate answers for each subject.
Query: 請幫忙整理台灣2022九合一選舉結果
Reply in 中文

2022年台灣的九合一選舉於11月26日舉行，選出新一屆的直轄市長、直轄市議員、縣市長、縣市議員、鄉鎮市長等9類地方公職人員[2]。在本次選舉中，國民黨共拿下13個縣市，包括台北市、新北市、桃園市及台中市等[1]；民進黨取得台南市、高雄市、嘉義縣、屏東縣、澎湖縣等5縣市[1]；民眾黨攻下新竹市[1]；苗栗縣、金門縣則由無黨籍拿下[1]。嘉義市長選舉因有參選者過世而延至12月18日投票，最終國民黨再拿下該席位[1]。

就議員席次而言，國民黨在本次選舉中減少27席，占比40.3%；民進黨增加39席，占比提升至30.4%；民眾黨在其首度參選九合一選舉時，即拿下14席，其中以台北市的4席為最多[3]。綜觀全國所有縣市議會席次，國民黨長期居於優勢地位，即使在2014年減少33席後，仍維持4成以上占比。2018年民進黨輸掉53席，國民黨增加8席，而第三勢力則大有斬獲，無黨籍席次也增加31席[3]。

16-3-3　ChatGPT Prompt Genius（ChatGPT 智慧提示）

如果你想將與 ChatGPT 的對話內容也能儲存起來，這種情況下就可以安裝「ChatGPT Prompt Genius（ChatGPT 智慧提示）」，它可以將與 ChatGPT 的互動方式儲存成圖檔或 PDF 文字檔。當安裝了這個外掛程式之後，在 ChatGPT 的提問環境的左側就會看到「Share & Export」功能，按下該功能表單後，可以看到四項指令，分別為「Download PDF」、「Download PNG」、「Export md」、「Share Link」，如下圖所示：

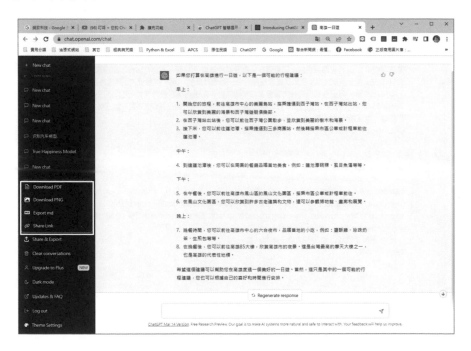

其中「Download PDF」指令可以將回答內容儲存成 PDF 文件。

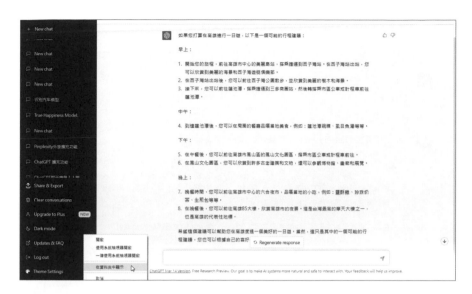

其中「Download PNG」指令可以將回答內容儲存成 PNG，方便各位可以按滑鼠右鍵，並在快顯功能表中選擇「另存圖片」指令將內容是 PNG 圖片格式保存。

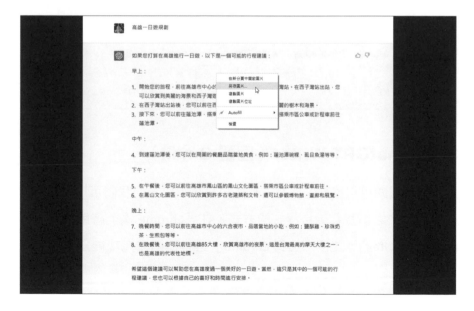

如果想要分享連結，則可以執行「Share Link」指令：

16-3-4　ChatGPT Writer（回覆 Gmail）

這個外掛程式可以協助生成電子郵件和訊息，以方便我們可以更快更大量的
回覆信件。請依之前找尋外掛程式的方式，在「Chrome 線上應用程式商店」找
到「ChatGPT Writer」，並按「加到 Chrome」鈕將這個擴充功能安裝進來，如下
圖所示：

安裝完 ChatGPT Writer 擴充功能後，就可以在 Gmail 寫信時自動幫忙產出信件內容，例如我們在 Gmail 寫一封新郵件，接著只要在下方工具列按「ChatGPT Writer」圖示鈕，就可以啟動 ChatGPT Writer 來幫忙進行信件內容的撰寫，如下圖的標示位置：

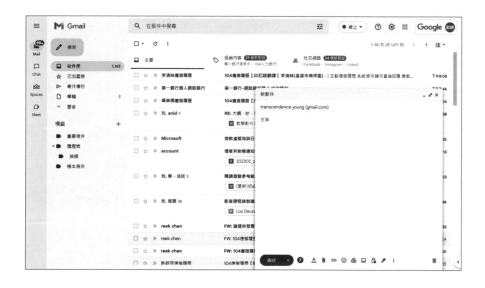

請在下圖的輸入框中簡短描述你想寄的信件內容，接著再按下「Generate Email」鈕：

才幾秒鐘就馬上產生一封信件內容，如果想要將這個信件內容插入信件中，只要按下圖中的「Insert generated response」鈕：

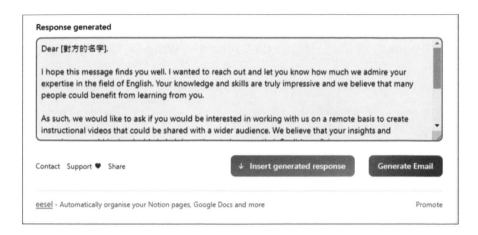

就會馬上在你的新信件加入回信的內容，你只要填上主旨、對方的名字、你的名字，確認信件內容無誤後，就可以按下「傳送」鈕將信件寄出。

這項功能當然也可以應用在回信的工作，同樣在要回覆的信件中按下「ChatGPT Writer」圖示鈕，就可以啟動 ChatGPT Writer 來幫忙進行信件內容的撰寫。

接著簡短描述要回信的重點，並按下「Generate Reply」鈕：

快速地產生回信內容，如果想要將這個信件內容插入信件中，只要按下圖中的「Insert generated response」鈕即可。

16-3-5　Voice Control for ChatGPT—練習英文聽力與口說能力

Voice Control for ChatGPT 這個 Chrome 的擴充功能，可以幫助各位與來自 OpenAI 的 ChatGPT 進行語音對話，可以用來利用 ChatGPT 練習英文聽力與口說能力。它會在 ChatGPT 的提問框下方加上一個額外的按鈕，只要按下該鈕，該擴

充功能就會錄製您的聲音並將您的問題提交給 ChatGPT。接著我們就來示範示如何安裝 Voice Control for ChatGPT 及它的基本功能操作。

首先請在「chrome 線上應用程式商店」輸入關鍵字「Voice Control for ChatGPT」，接著點選「Voice Control for ChatGPT」擴充功能：

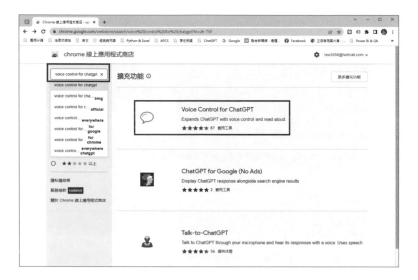

接著會出現下圖畫面，請按下「加到 Chrome」鈕：

出現下圖視窗後，再按「新增擴充功能」鈕：

完成安裝後，準備用口語發音的方式向 ChatGPT 提問，請按下如下圖的「麥克風」鈕，第一次執行要求要取用你電腦系統的「麥克風」裝置，只要允許「Voice Control for ChatGPT」外掛程式取用，接著只要按下「麥克風」鈕，就進入語音輸入的環境：

當「麥克風」鈕被按下後就會變成紅色，表示已等待對麥克風講話，例如筆者念了「what is the Python language」，講完後，再按一次「麥克風」鈕，就會立即被辨識成文字，向 ChatGPT 提問。

　　而此時 ChatGPT 會同步輸出回答的文字內容，同時會將所有的回答內容以所設定的語言念出，例如此處我們設定為「English(US)」，就可以聽到純正的美式英語，這個過程的就是非常好的聽力練習的機會。

　　接著我們可以繼續練習我們的英語口說能力，再以講英文的方式向 ChatGPT 進行提問，例如我又問了「how can I start」，此時 ChatGPT 會同步以英語文字及口音的方式回答，各位就可以接著練習聽第二個回答內容的聽力練習，以這種方式來與 ChatGPT 進行互動，這個時候，安裝了「Voice Control for ChatGPT」這個外掛程式的擴充功能，透過 ChatGPT 練習英文聽力與口說能力，相信各位的英語口說及聽力一定有大量練習的機會與進步的空間。

how can I start

If you are interested in learning Python, here are some steps you can take to get started:

1. Install Python: The first step is to download and install Python on your computer. You can download the latest version of Python from the official Python website (https://www.python.org/downloads/).
2. Learn the basics: Once you have installed Python, you can start learning the basics of the language. There are many online tutorials and courses available that can help you get started. Some popular resources include Codecademy, Coursera, edX, and Udemy.
3. Practice coding: The best way to learn Python is by writing code. You can start by practicing basic programming concepts, such as variables, loops, functions, and conditional statements.
4. Explore Python libraries: Python has a large collection of libraries that can help you perform specific tasks, such as data analysis, machine learning, and web development. You can start exploring these libraries and see how they can be used to solve real-world problems.
5. Join a community: Python has a large and active community of developers, who are always willing to help and share their knowledge. You can join online forums and communities, such as Reddit, Stack Overflow, and GitHub, to connect with other Python developers

16-3-6　Perplexity（問問題）

　　Perplexity 可以讓你在瀏覽網頁時，對想要理解的問題，得到即時的摘要，當您有問題時，向 Perplexity 提問，並用引用的參考來源給您寫一個快速答案，並註明出處。也就是說 Perplexity 可以為你正在瀏覽一個頁面，它將立即為你總結。

首先請在「chrome 線上應用程式商店」輸入關鍵字「Perplexity」，接著點選「Perplexity – Ask AI」擴充功能：

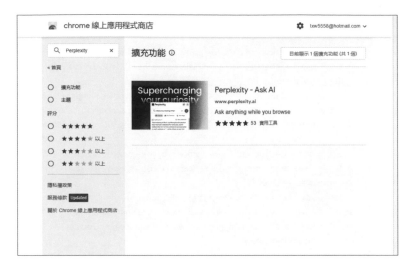

接著會出現下圖畫面，請按下「加到 Chrome」鈕：

出現下圖視窗後，再按「新增擴充功能」鈕：

新增之後，這個擴充應用功能就會加到 Chrome 瀏覽器的視窗：

　接著請按下 Chrome 瀏覽器的「擴充功能」鈕，會出現所有已安裝擴充功能的選單，我們可以按 鈕，將這個外掛程式固定在瀏覽器的工具列上：

當該圖釘圖示變更成 $\boxed{\text{⚲}}$ 外觀時，就可以將這個擴充功能固定在工具列之上：

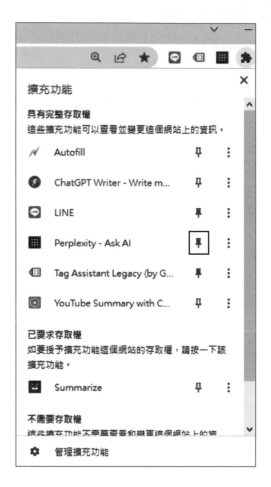

接著在瀏覽網頁時，在工具列按一下「Perplexity – Ask AI」擴充功能的工具鈕 ，就可以啟動提問框，只要在提問框輸入要詢問的問題，例如下圖中筆者輸入的「博碩文化」，就可以依所設定的查詢範圍找到相關的回答，各位可以設定的查詢範圍包括：「Internet」、「This Domain」、「This Page」。如下圖所示：

16-3-7　YouTube Summary with ChatGPT（影片摘要）

「YouTube Summary with ChatGPT」是一個免費的 Chrome 擴充功能，可讓您透過 ChatGPT AI 技術快速觀看的 YouTube 影片的摘要內容，有了這項擴充功能，能節省觀看影片的大量時間，加速學習。另外，您可以透過在 YouTube 上瀏覽影片時，點擊影片縮圖上的摘要按鈕，來快速查看影片摘要。

首先請在「chrome 線上應用程式商店」輸入關鍵字「YouTube Summary with ChatGPT」，接著點選「YouTube Summary with ChatGPT」擴充功能：

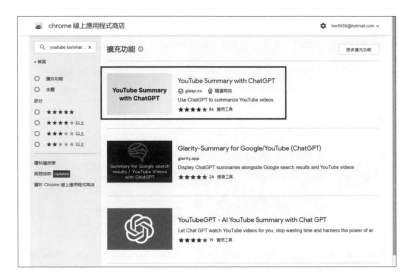

接著會出現下圖畫面，請按下「加到 Chrome」鈕：

出現下圖視窗後，再按「新增擴充功能」鈕：

　　完成安裝後，各位可以先看一下有關「YouTube Summary with ChatGPT」擴充功能的影片介紹，就可以大概知道這個外掛程式的主要功能及使用方式：

　　接著我們就以實際例子來示範如何利用這項外掛程式的功能，首先請連上 YouTube 觀看想要快速摘要了解的影片，接著按「YouTube Summary with ChatGPT」擴充功能右方的展開鈕：

就可以看到這支影片的摘要說明，如下圖所示：

網址：YouTube.com/watch?v=s6g68rXh0go

在上圖中各位可以看到一個工具列 ，由左到右的功能分別為「View AI Summary」、「Jump to Current Time」、「Copy Transcript(Plain Text)」 三項功能。其中「View AI Summary」鈕會啟動 ChatGPT 來查看該影片的摘要功能，如下圖所示：

其中「Jump to Current Time」鈕則會直接跳到目前影片播放位置的摘要文字說明，如下圖所示：

其中「Copy Transcript(Plain Text)」鈕則會複製摘要說明的純文字檔，各位可以依自己的需求貼上到指定的文字編輯器來加以應用。例如下圖為摘要文字內容貼到 Word 文書處理軟體的畫面：

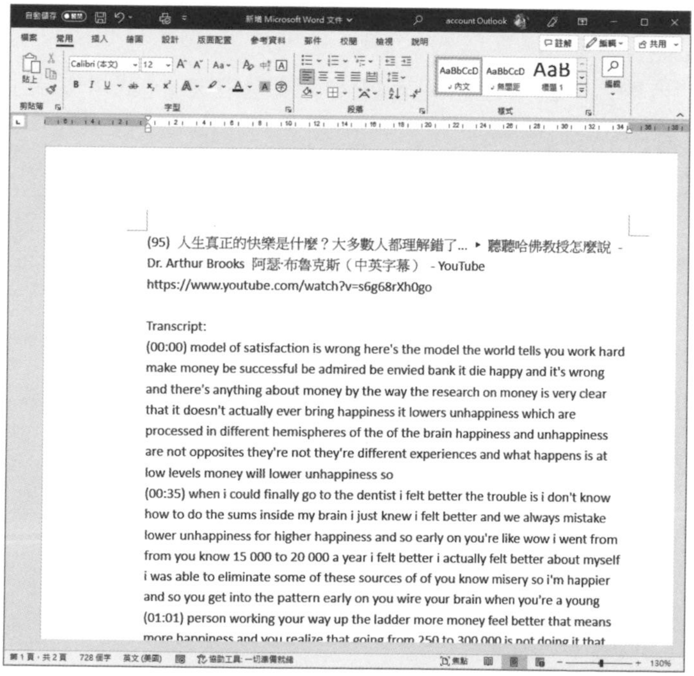

　　其實 YouTube Summary with ChatGPT 這款擴充功能，它的原理就是將 YouTube 影片字幕提供給 ChatGPT，而 AI 聊天機器人 ChatGPT，就可以根據這個字幕的文字內容，快速摘要出這支影片的主要重點。在方框旁有一個複製的按鈕，就可以將文字丟入 ChatGPT，ChatGPT 就會幫我們摘要一段英文。如下圖所示：

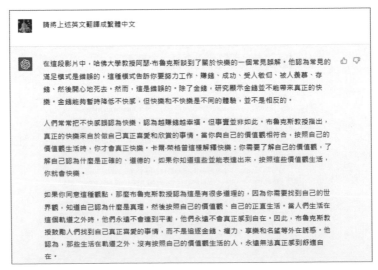

　　接著我們再輸入「請將上述英文翻譯成繁體中文」，就可以馬上翻譯成如下的成果：

　　如果你已經拿到 New Bing 的權限的話，可以直接使用 New Bing 上面的問答引擎，輸入「請幫我摘要這個網址影片：https://www.YouTube.com/watch?v=s6g68rXh0go」，萬一如果輸入 YouTube 上瀏覽器的網址，沒有成功，建議影片的網址改放 YouTube 上面分享的短網址，例如：「請幫我摘要這個網址影片：https://youtu.be/s6g68rXh0go」，也能得到這個影片的摘要。

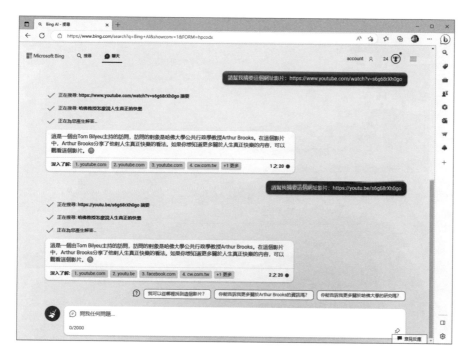

16-3-8　Summarize 摘要高手

　　Summarize 擴充功能是使用 OpenAI 的 ChatGPT 對任何文章進行總結。Summarize 這個 AI 助手可以幫助各立即摘要文章或文字。使用 Summarize 擴充功能，只要透過滑鼠的點擊就可以取得任頁面主要思想，而且可以不用離開頁面，這些頁面的內容可以是閱讀新聞、文章、研究報告或是部落格。Summarize 擴充功能具備人工智慧（由 ChatGPT 提供支援）的摘要能力不斷地精進，可以提供全面且高質量供準確可靠的摘要。

首先請在「chrome 線上應用程式商店」輸入關鍵字「YouTube Summary with ChatGPT」，接著點選「YouTube Summary with ChatGPT」擴充功能：

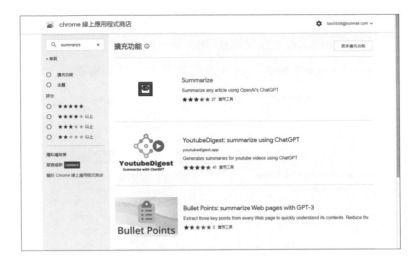

接著會出現下圖畫面，請按下「加到 Chrome」鈕：

我們可以按 📌 鈕，將這個外掛程式固定在瀏覽器的工具列上，當該圖釘圖示變更成 📌 外觀時，就可以將這個擴充功能固定在工具列之上，如下圖所示：

當在工具列上按下  圖示鈕啟動 Summarize 擴充功能時，會先要求登入 OpenAI ChatGPT，如下圖所示：

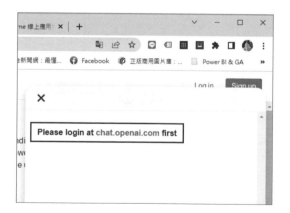

當用戶登入 ChatGPT 之後，以後只要在所瀏覽的網頁按下 ⬛ 圖示鈕啟動 Summarize 擴充功能時，這時候就會請求 OpenAI ChatGPT 的回應，之後就以快速透過 Summarize 這個 AI 助手立即摘要該網頁內容或部落格文章，如下列二圖所示：

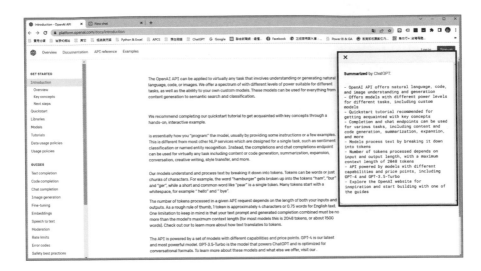

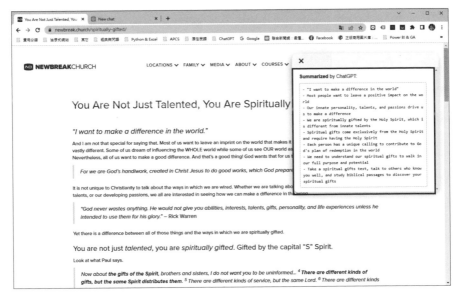

16-3-9 Merlin-Chatgpt Plus app on all websites

Merlin-Chatgpt 可以讓您在所有喜愛的網站上使用 OpenAI 的 ChatGPT，幫助您在 Google 搜尋、YouTube、Gmail、LinkedIn、GitHub 和數百萬個其他網站上使用 ChatGPT 進行交流，而且是免費的。

首先請在「chrome 線上應用程式商店」輸入關鍵字「Merlin」，接著點選「Merlin-ChatGPT Assistant for All Websites」擴充功能：

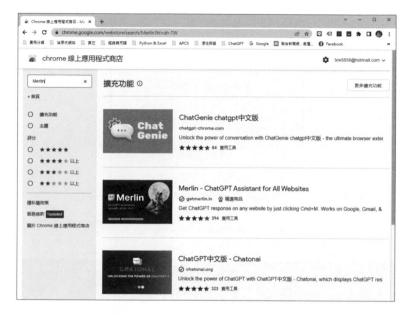

接著會出現下圖畫面，請按下「加到 Chrome」鈕：

啟動 Merlin 擴充功能會被要求先行登入帳號：

例如下圖筆者按了「Continue with Google」進行登入動作：

接著只要在要了解問題的網頁上，選取要了解的文字，並按右鍵，在快顯功能表中執行「Give Context to Merlin」指令：

接著就會出現如下圖的視窗：

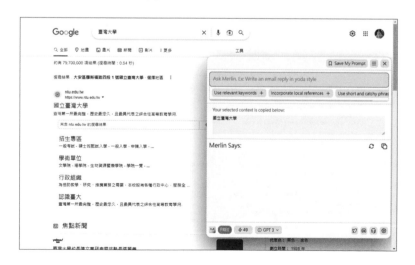

只要直接按下 Enter 鍵，Merlin 就會回答關於所選取文字「國立臺灣大學」的摘要重點。

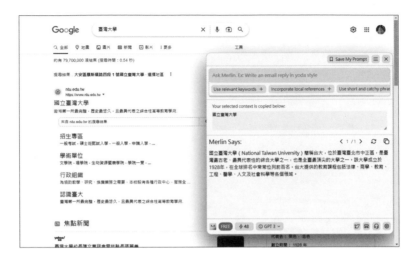

如果您還有其它問題要問 Merlin，還可以直接在提問框輸入問題，例如下圖為「請簡介該校的學術成就」，Merlin 就會立即給予它的摘要性回答，如下圖所示：

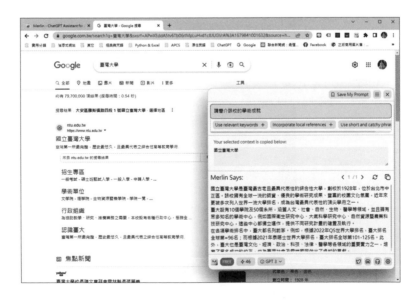

　　底下三圖則是分別將 Merlin 應用在 YouTube、Facebook（臉書）及 LinkedIn（領英）網站的示範畫面：

YouTube

LinkedIn（領英）

Facebook（臉書）

16-3-10　閱讀助手—ReaderGPT

使用 ReaderGPT 擴充功能，可生成任何可讀網頁的摘要，這樣您將節省時間，並且再也不必費心閱讀冗長的內容，大幅提升看您的閱讀和研究效率。

為了方便在進入網站後可以快速摘要，我們可以先將 ReadGPT 釘選在書籤列上：

開啟任何一個網頁，再用滑鼠按一下 ReadGPT 圖示鈕，就可以快速摘要總結網頁文章的內容，目前預設的回答內容是以英文回答：

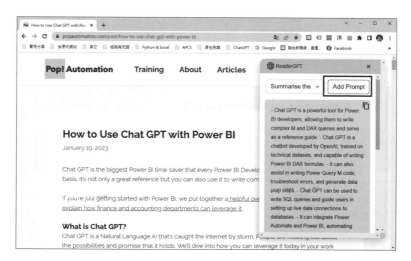

　　我們可以在上圖中按「Add Prompt」鈕並新增如下的提示（Prompt），改成以繁體中文回答摘要：

　　完成新的 Prompt 之後，同一個網頁如果我們再按一次 ReadGPT 圖示鈕，就可以快速摘要總結網頁文章的內容，不過這次會改以繁體中文回答，如下圖所示：

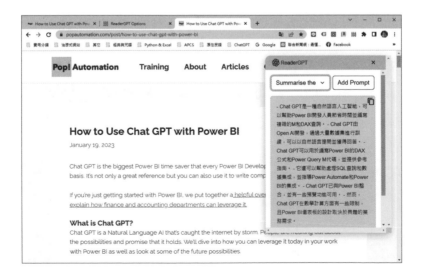

16-4　SEO 行銷與 ChatGPT

ChatGPT 應用方向，在 SEO 界中引起了相關專家的關注。ChatGPT 在搜尋引擎優化中的應用場景非常廣泛，例如優化網站內容品質是吸引訪客、增加流量並提升排名的關鍵策略。而現在，ChatGPT 作為一個強大的工具，能夠快速生成符合 SEO 架構的內容，真可謂是一個無價的幫手！以下是一些案例，可以幫助你輕鬆創造優質內容：

1. 以 SEO 關鍵字為基礎，使用 ChatGPT 生成引人入勝的部落格文章，吸引更多目標受眾。

2. 利用 ChatGPT 的幫助，撰寫銷售頁面的描述，以增強商品或服務的吸引力和銷售效果。

3. 使用 ChatGPT 生成精確的產品描述，讓潛在顧客能夠快速了解並購買你的產品。

4. 建立有價值的指南、教學或白皮書，以展示你專業知識的深度和對目標受眾需求的理解。

5. 透過 ChatGPT 生成吸引人的社交媒體貼文，提高社交媒體曝光和參與度。

6. 使用 ChatGPT 製作具有價值的影片內容，以吸引觀眾並增加品牌知名度。

ChatGPT 不僅能夠幫助你節省時間和精力，還能確保你的內容符合 SEO 要求，提升你的網站在搜尋引擎中的可見度和排名。我們可以將 ChatGPT SEO 應用可以協助產生問題集、關鍵字、標題、文案修改及技術面的協助。

16-4-1　SEO 常見問題集

現在，讓我們探討如何運用 ChatGPT 的能力來生成一份實用的 SEO 常見問題集。透過 ChatGPT 的智能生成，我們能夠提供涵蓋廣泛主題的問題，這份問題

集將有助於網站擁有者和行銷人員解決他們在 SEO 優化過程中遇到的疑惑和挑戰。不僅如此，這些問題也提供了深入的解答。憑藉 ChatGPT 的幫助，我們能夠提供更有價值的 SEO 資源，協助網站優化達到更好的排名和流量增長。

Q 提問

請列出至少 20 個關於實用網頁 SEO 常見問題集

ChatGPT 回答畫面

TX 請列出至少20個關於實用網頁SEO常見問題集

當然，以下是一些關於實用網頁SEO的常見問題集：

1. 什麼是SEO，它對網頁有何影響？
2. 我應該如何選擇適合的關鍵字？
3. 如何優化網頁標題和描述？
4. 是否應該使用長尾關鍵字？
5. 如何進行內容優化以提高搜索引擎排名？
6. 是否需要為每個網頁都設置唯一的meta描述？
7. 是否有必要在URL中包含關鍵字？
8. 圖像優化對SEO有何影響？
9. 如何創建高品質的背鏈（Backlinks）？
10. 網站速度對SEO有何重要性？
11. 如何處理重複內容的問題？
12. 應該在網站上使用內部連結嗎？
13. 如何優化移動設備上的網頁？
14. 如何處理404錯誤頁面？
15. 網站安全對SEO有何影響？
16. 是否需要在網站上使用XML網站地圖？
17. 應該如何使用標題標籤（H1、H2等）？
18. 如何最佳化網站結構和內部連結？
19. 是否需要在網站上使用結構化數據（Schema Markup）？
20. 如何追蹤和監測SEO效果？

這些問題涵蓋了一些常見的實用網頁SEO議題，希望能對你有所幫助。如果你有任何進一步的問題，請隨時提出！

接著各位如果對任何一個問題感興趣，還可以進一步提問，如下圖所示：

TX　什麼是SEO，它對網頁有何影響？

SEO代表搜索引擎優化（Search Engine Optimization）。它是一系列技術和策略，旨在改善網站在搜索引擎結果頁面（SERP）中的排名，從而增加有機（非付費）流量和提高網站的可見性。

SEO對網頁有以下影響：

1. 提高有機流量：當你的網站在搜索引擎中的排名提高時，更多的用戶會點擊你的網站鏈接，增加你的網站訪問量。
2. 增強網站可見性：通過優化網站，使其在搜索引擎中更容易被發現，提高網站的曝光度和知名度。
3. 提高用戶體驗：SEO優化包括提升網站速度、改善網站結構和導航，這些都可以提高用戶的體驗，使他們更願意在你的網站上停留和與之互動。
4. 提高轉換率：優化網站內容和結構可以吸引到更具目標的流量，增加轉換率，例如購買產品、填寫表單或訂閱電子報等。
5. 建立品牌權威：當你的網站在搜索引擎中的排名提高時，它給人一種權威性和可信度的印象，幫助建立品牌形象和口碑。

總而言之，SEO對網頁有助於增加流量、提高可見性、改善用戶體驗、提升轉換率和建立品牌權威。通過遵循SEO最佳實踐，你可以在搜索引擎中獲得更好的排名，從而在競爭激烈的網絡環境中脫穎而出。

16-4-2　SEO 關鍵字研究

關鍵字研究是 SEO 不可或缺的一環，店家在開始建置網站時，進行關鍵字搜尋是非常重要的步驟，在制定 SEO 策略之前，需要先了解使用者的搜尋方式和意圖與評估數據和競爭對手，並定期檢討和更新你的關鍵字選擇。

以下為關鍵字研究應用實例，例如請求 ChatGPT 幫忙生成關鍵字清單，例如：

Q 提問

請幫我生成一個包含 10 個關鍵字清單，這些關鍵字與「速記法」有關

😃 ChatGPT 回答畫面

> **TX** 請幫我生成一個包含 10 個關鍵字清單，這些關鍵字與「速記法」有關
>
> 以下是與「速記法」相關的 10 個關鍵字清單：
>
> 1. 速記技巧
> 2. 速記筆記
> 3. 速記訓練
> 4. 速記工具
> 5. 速記方法
> 6. 速記學習
> 7. 速記應用
> 8. 速記系統
> 9. 速記編碼
> 10. 速記教程
>
> 這些關鍵字可以用於優化與速記法相關的網頁內容，以提高搜索引擎的可見性，吸引更多與速記法相關的目標受眾。請注意，在實際應用中，你還需要進行進一步的研究和分析，以選擇最適合你業務需求的關鍵字。

16-4-3 關鍵字分類的技巧

我們可以利用 ChatGPT 根據關鍵字的特點或使用者的搜尋動機進行分類，以提供更具針對性的資訊。例如，當有人想尋找與「速記法」相關的內容時，他們可能想了解有關工具、課程、方法論或應用的資訊。在這種情況下，我們可以要求 ChatGPT 以表格的方式進行分類，讓使用者更容易找到所需的資訊。這種個別化的回答方式可以提供更具價值和有用性的內容，讓使用者能夠更迅速地找到他們所需要的特定領域的資訊。透過 ChatGPT 的分類能力，我們可以更好地滿足使用者的需求並提供更優質的搜尋體驗。

將關鍵字以表格方式呈現，並且依照其搜尋意圖分類為工具、課程、方法論或應用進行分組

🤖 **ChatGPT 回答畫面**

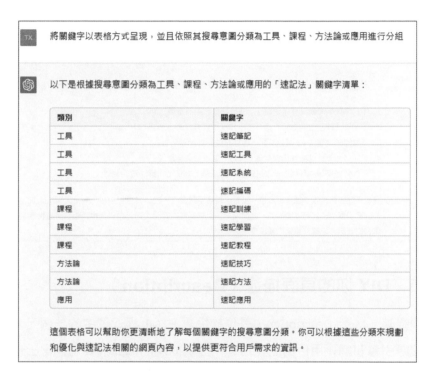

16-4-4　生成 **SEO** 的吸睛標題

對於 SEO 而言，標題就顯得非常重要，因為會直接影響使用者對於網頁的第一印象，甚至是點擊與瀏覽的意願，以下讓我們就透過 ChatGPT 來生成一個吸引人且符合 SEO 規範的標題，以行銷「油漆式速記法」為例，期待標題將為我們的內容帶來更多曝光和點擊，同時傳達出油漆式速記法的獨特價值和吸引力。

Q 提問

請給我五個較會引人感興趣文章標題並符合 SEO 規範，與關鍵詞「油漆式速記法」相關

ChatGPT 回答畫面

> TX　請給我五個較會引人感興趣文章標題並符合 SEO 規範，與關鍵詞「油漆式速記法」相關
>
> ⑤　以下是五個引人注意且符合SEO規範的文章標題，與關鍵詞「油漆式速記法」相關：
>
> 1. 「從零開始學習油漆式速記法：快速記錄和組織重要信息」
> 2. 「油漆式速記法的奇招：提升工作效率和記憶力的祕訣」
> 3. 「油漆式速記法 vs. 傳統筆記：哪種方法更適合你？」
> 4. 「透過油漆式速記法掌握會議：技巧、工具和最佳實踐」
> 5. 「如何在學習中應用油漆式速記法：提高知識吸收和回顧效果」
>
> 這些標題既能夠吸引讀者的興趣，同時也包含了關鍵詞「油漆式速記法」，有助於提升文章在搜索引擎中的可見度和排名。請記住，在撰寫文章內容時，確保內容與標題相關並提供有價值的資訊，以提升讀者的閱讀體驗。

16-4-5　DIY 你的頁面描述（Description）

頁面描述（Meta Description）是位於網頁 HTML 程式碼中的一個元素，用於提供對搜尋引擎和網頁用戶的簡要描述，提供簡明的網頁摘要，通常出現在搜尋引擎結果頁面（SERP）中的藍色可點擊鏈接，雖然頁面沒有 SEO 的實質影響，主要用途為類似廣告文案的功能，但是對於從 SERP 獲得用戶點擊是非常重要，不僅可以提供用戶關於網頁內容的預覽，還可以吸引用戶的注意並說明網頁的獨特價值。

我們可以請求 ChatGPT 協助，快速撰寫頁面描述（Description），例如我們希望行銷「油漆式速記法」。

Q 提問

請以繁體中文寫一個 meta description，標題為「油漆式速記法」及關鍵字為「速記方法」，只需撰寫頁面描述（Description），字數在 100 個以內。

ChatGPT 回答畫面

> TX　請以繁體中文寫一個 meta description，標題為「油漆式速記法」及關鍵字為「速記方法」，只需撰寫頁面描述 (Description)，字數在 100 個以內。

> 在頁面描述（Description）的範例中，標題為「油漆式速記法」，關鍵字為「速記方法」。以下是一個符合要求的範例：
>
> 「想要提升你的記憶力和效率嗎？透過油漆式速記法，學習快速記錄重要資訊的方法。掌握簡單而有效的速記技巧，提高學習和工作效果。了解更多關於速記方法的秘訣和最佳實踐，開始在生活中運用這項強大的工具！」
>
> 這個頁面描述使用簡潔的語言，強調了使用油漆式速記法提升記憶力和效率的優點，同時也提供了一個具體的行動呼籲，邀請讀者了解更多關於速記方法的資訊。字數在 100 個以內，能夠有效吸引用戶的注意力並概括網頁的內容。

16-4-6　網站文案大綱規劃、內容生成與改寫

　　主題與大綱發想一直是創作者與小編的首個難關，在進行 SEO 文案規劃時，通常都會先擬定好大綱，建立一個優質的大綱結構更是重要。這能確保你的文章內容有良好的組織性，文章的脈絡才能顯得井然有序，這種條理式的文章結構也更符合 SEO 的要求。良好的大綱結構還能提供讀者良好的閱讀體驗，藉由合理安排內容的層次結構，你能夠為你的文章提供一個強而有力的框架，以吸引讀者與 Google，並提升網站的 SEO 排名。

Q 提問

請規劃一篇符合 SEO 架構的文章大綱，並簡短說明段落簡介，主題為「油漆式速記法」

ChatGPT 回答畫面

TX 提問：請規劃一篇符合 SEO 架構的文章大綱，並簡短說明段落簡介，主題為「油漆式速記法」

大綱：符合SEO架構的文章大綱，主題為「油漆式速記法」，包含以下段落：

1. 引言
   - 引起讀者對油漆式速記法的興趣
   - 簡要介紹油漆式速記法的定義和重要性
2. 什麼是油漆式速記法？
   - 解釋油漆式速記法的概念和原理
   - 強調其快速記錄和組織重要資訊的優勢
3. 油漆式速記法的應用場景
   - 探討油漆式速記法在工作、學習、會議等場景的實際應用
   - 提供實例和案例來支持說明
4. 如何學習油漆式速記法？
   - 提供學習油漆式速記法的步驟和方法
   - 引導讀者掌握基本技巧和練習策略
5. 油漆式速記法的效益
   - 探討使用油漆式速記法的益處和優點
   - 強調其提升工作效率、記憶力和溝通能力的價值
6. 最佳實踐和技巧
   - 提供一些使用油漆式速記法的最佳實踐和實用技巧
   - 包括如何組織資訊、選用適當的圖像和符號等建議
7. 結論
   - 總結油漆式速記法的重要性和優勢
   - 強調讀者開始應用油漆式速記法的價值

這篇文章的大綱以引言開始，概述了油漆式速記法的主題，接著通過不同段落逐步探討油漆式速記法的定義、應用、學習方法、效益、最佳實踐和結論。每個段落都涵蓋了與主題相關的重要觀點和內容，同時符合SEO架構的要求。

　　優質的文案內容一直都是 SEO 優化工作的基礎訴求，ChatGPT 還可以幫助你直接撰寫文案！特別是一般銷售或產品文案的字數都不會太多，但需求量卻很高，如果店家貨品牌想大量快速生成文案，可以利用以下的提示技巧，更精確地指導 ChatGPT 生成符合你需求的文案，以滿足特定受眾、結構要求和內容方向。

- **指定文案受眾**：例如撰寫適合忙碌上班族的文案，關注時間管理、壓力減輕和工作效率提升等方面。或是為企業家撰寫文案，關注創業、管理、市場策略和企業成長等相關主題。

- **指定文案架構**：包含前言、要點、總結、常見問題，在文案中明確安排這些結構，使其更有條理、易讀且有層次感。或是根據你的需求和內容特點，制定一個特定的文案架構，以便清晰傳達訊息和呈現內容。

- **指定文案內容方向**：包含討論產品、服務或概念的優點和缺點，幫助讀者做出更明智的選擇。或是在文案中明確提供行動呼籲，引導讀者進行特定的行動，例如訂閱電子報、購買產品、填寫表格等。

Q 提問

請寫出 " 請為研發廠商撰寫一篇如何推廣油漆式速記法，包含前言、方法特色、常見問題，內容需提到這個方法優點及行動呼籲 " 的 Instagram post 內文

ChatGPT 回答畫面

探索油漆式速記法的革命性方法！

前言：
想提升你的工作效率並擁有更聰明的記錄方式嗎？讓我向你介紹油漆式速記法！這個創新的方法結合了速度、組織和創意，將幫助你在研發領域取得更大的突破！

方法特色：
◆ 快速紀錄：油漆式速記法讓你以極快的速度將重要資訊記錄下來，不錯過任何重要細節！
◆ 組織整理：透過圖像、符號和結構化的方式，你可以輕鬆整理和管理大量資訊，讓想法更有條理。
◆ 創意表達：這個方法允許你以獨特且創意的方式呈現想法，激發更多創意和靈感。

常見問題：
❓問題一：這個方法是否適用於不同的行業？
回答：絕對！油漆式速記法適用於各種行業和領域，包括研發、設計、創意行業等。它是一個通用且高效的工具！

❓問題二：我需要具備繪畫技巧才能使用嗎？
回答：不需要！油漆式速記法並不要求你有專業的繪畫技巧。它更著重於快速和簡潔的表達方式，讓你的訊息更清晰易懂。

優點：
☑ 提升工作效率和創造力
☑ 更好地記錄和組織重要資訊
☑ 激發創意和靈感

行動呼籲：
如果你渴望提升你的研發工作和團隊的效率，現在就開始使用油漆式速記法！📝💡關注我們的頁面，獲取更多關於這個方法的資訊和實用技巧！一起探索油漆式速記法的奇妙世界吧！
👆✨

#油漆式速記法 #研發 #工作效率 #創意表達 #記錄方法 #提升創造力

　　由於在 AI 工具盛行的世界裡，製作內容不再是一件困難的事，如果創作者對於自己的文案內容不滿意，也可以透過 ChatGPT 來改寫文案，這樣的過程可以不斷優化文案，提供更優質、精準的內容呈現，以滿足您的期望和需求。

Q 提問

請以油漆式速記法發明人的身分精煉改寫底下的文字，100 字以內

　　記憶大量資訊就好像刷油漆一樣，必須以一面牆為單位，反覆多層次的刷，刷出來的牆才會均勻漂亮。油漆式速記法就是將刷油漆的概念應用在快速記憶，是一種「大量、全腦、多層次迴轉」的速讀與速記方法，它利用右腦圖像直覺聯想，與結合左腦理解思考練習，搭配高速大量迴轉與多層次題組切換式複習，達到全腦學習奇蹟式的相乘效果。因此，簡單易學的油漆式速記法，其記憶速度有如風馳電掣般的臺灣高鐵。

　　油漆式速記法應用在單字速記的原理，結合了高速的速讀，並配合大量的迴轉複習，達到快速記憶的目的。希望透過眼球的快速移動、視幅擴大、定點閃字、不定點閃字、多字同步顯示的面積式速讀、色彩刺激及瞬間感知能力的訓練，再同步配合多重感官的刺激，迅速將單字記憶轉換為長期記憶。

　　油漆式速記多國語言雲端學習系統。這套系統是利用本公司獨家發明的油漆式速記法原理所建構完成，配合教育部的全英語授課（English as a Medium of Instruction, EMI）與國際教育政策，內容包含了國內外十幾種著名的英語檢定與 20 種第二外語相關檢定及本土語學習系統（日、韓、德、西、法、越、泰、印尼、臺語……等），目前已開放六大類試用版本。

ChatGPT 回答畫面

> 記憶就像刷牆一樣，需要以一面牆為單位，反覆多層次的刷，才能獲得均勻漂亮的結果。油漆式速記法則將這個概念應用在快速記憶上，結合「大量、全腦、多層次迴轉」的速讀與速記方法。透過右腦圖像聯想和左腦理解思考的結合，搭配高速迴轉和多層次題組切換的複習方式，實現全腦學習的奇蹟效果。簡單易學的油漆式速記法，讓記憶速度猶如臺灣高鐵般迅猛。
>
> 油漆式速記法應用在單字速記上，結合高速速讀和大量迴轉複習，以達到快速記憶的目的。透過眼球的快速移動、視幅的擴大、定點和不定點閃字的訓練，以及面積式速讀、色彩刺激和瞬間感知能力的配合，將單字快速轉化為長期記憶。
>
> 本公司開發了油漆式速記多國語言雲端學習系統，採用獨家發明的油漆式速記法原理。該系統配合教育部的全英語授課(EMI)和國際教育政策，包含國內外多種英語檢定和第二外語相關檢定，還有本土語言學習系統，如日語、韓語、德語、西班牙語、法語、越南語、泰語、印尼語、臺語等。目前已提供六大類試用版本，讓您享受油漆式速記法帶來的學習效果。

16-4-7　301 轉址程式碼生成

301 轉址（301 redirect）是將一個 URL 永久重新導向 / 跳轉到另一個 URL，ChatGPT 也可以幫助行銷人員生成 301 轉址程式碼，這對於網站重定向和頁面重組非常有用。所謂 htaccess 301 重新導向轉址規則是指在網站的 .htaccess 檔案中設置規則，能夠幫助我們透過簡單的幾行程式碼，就能輕鬆地寫入 Redirect 規則，實現 301 轉址，並以 301 永久重定向的方式進行。各位利用 ChatGPT 只要透過簡單的文字指令，快速生成所需的程式碼，無需擁有深厚的程式基礎。

Q 提問

請幫我生成 .htaccess 301 重新導向規則：將 /index.html 轉址到 / zct_add /、將 intro.zct.com.tw 子網域轉址到 zct.com.tw 子網域

ChatGPT 回答畫面

以下是您所需的 .htaccess 301 重新導向規則：

```apache
apache                                                    Copy code

RewriteEngine On

# 將 /index.html 轉址到 /zct_add/
RewriteRule ^index\.html$ /zct_add/ [R=301,L]

# 將 intro.zct.com.tw 子網域轉址到 zct.com.tw 子網域
RewriteCond %{HTTP_HOST} ^intro\.zct\.com\.tw$ [NC]
RewriteRule ^(.*)$ http://zct.com.tw/$1 [R=301,L]
```

這些規則將使用 301 重新導向將 `/index.html` 轉址到 `/zct_add/`，並將 `intro.zct.com.tw` 子網域轉址到 `zct.com.tw` 子網域。

16-4-8　提供 robots.txt 建議

　　robots.txt 是一個文字檔案（ASCII 編碼的文字檔案），位於網站的根目錄下，不過不是每個網站都要必備，主要用於告知網路爬蟲，會先嘗試擷取 robots.txt 檔案，尋求檢索權限，哪些頁面可以存取，哪些頁面不應該被存取，確保搜尋引擎能夠正確理解並遵守網站的爬取規則。至於提供 robots.txt 設置建議是指根據網站的需求和目標，為 robots.txt 檔案提供相應的設定，以控制搜尋引擎爬取和索引網站的行為，同時確保重要的網頁被正確索引，不希望被索引的頁面被排除在外。

> **Q 提問**
>
> 請幫我生成 robots.txt 規則，以下是所需的 robots.txt 規則，以阻止搜尋引擎索引指定的頁面或檔案：禁止索引 /wp-admin/ 目錄下的所有內容，禁止索引包含 /feed/ 目錄的所有頁面，以及禁止索引任何 svg 檔案。

🤖 ChatGPT 回答畫面

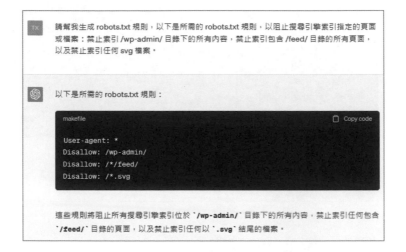

16-4-9　自動生成 hreflang 標籤

　　商業網站有些時候是需要為不同地區語言提供不同版本的內容，hreflang 標籤是一種 HTML 屬性，能幫助搜尋引擎了解網站內容的語言和目標受眾，多半用於指示不同語言版本的頁面之間的關係，也是優化網站以實現國際化 SEO 的關鍵步驟。網站管理者透過多語言標籤生成器，可以輸入相應的語言版本和對應的 URL，能夠告訴搜尋引擎網站的某些頁面使用的是何種語言，然後工具會根據這些資訊自動產生正確的 hreflang 標籤，標籤能指明頁面的語言和目標受眾的位置，使得用戶能夠更容易地找到他們所需的語言版本頁面，除了提高搜尋引擎排名外，大幅提升用戶體驗。

Q 提問

請幫我生成多語言標籤生成器 -hreflang 標籤，包含語言及地區代碼，並將預設語言設定為繁體中文的台灣，其他語系包含使用英文的美國、使用日文的日本、使用韓文的韓國、使用越南文的越南、使用印尼文的印尼、使用泰文的泰國

 ChatGPT 回答畫面

多語言標籤生成器是一個方便的工具，用於生成多語言網站所需的 hreflang 標籤。這些標籤包含了語言及地區代碼，以幫助搜尋引擎理解網站的不同語言版本。

以下是根據您提供的需求生成的多語言標籤範例：

```html
<!-- 繁體中文 - 台灣 -->
<link rel="alternate" hreflang="zh-TW" href="https://example.com/" />

<!-- 英文 - 美國 -->
<link rel="alternate" hreflang="en-US" href="https://example.com/en-us/" />

<!-- 日文 - 日本 -->
<link rel="alternate" hreflang="ja-JP" href="https://example.com/ja-jp/" />

<!-- 韓文 - 韓國 -->
<link rel="alternate" hreflang="ko-KR" href="https://example.com/ko-kr/" />

<!-- 越南文 - 越南 -->
<link rel="alternate" hreflang="vi-VN" href="https://example.com/vi-vn/" />

<!-- 印尼文 - 印尼 -->
<link rel="alternate" hreflang="id-ID" href="https://example.com/id-id/" />

<!-- 泰文 - 泰國 -->
<link rel="alternate" hreflang="th-TH" href="https://example.com/th-th/" />

<!-- 預設語言 - 繁體中文 - 台灣 -->
<link rel="alternate" hreflang="x-default" href="https://example.com/" />
```

這些 hreflang 標籤可以放置在您網站的 <head> 標籤中。透過指定正確的 hreflang 屬性值，搜尋引擎將能夠辨識並顯示適當的語言和地區版本給使用者。請根據您的網站架構和頁面路徑，調整 href 屬性的值以確保正確連結到每個語言和地區的頁面。